高等教育 BIM 技术应用系列教材

BIM 技术应用典型项目案例

主编　王　婷　陈海涛

参编　李渊辉　吴　翔　胡　群　吴　鈖

　　　简勤勇　潘　辉　余辰轩

科学出版社

北　京

内 容 简 介

BIM技术在国内推广与应用多年，目前已广泛应用于各大工程建设项目中，并取得显著成效。本书整理了不同项目类型的实际应用案例，以供BIM实践应用参考及高校相关课程的教学。本书项目案例涵盖面较广，有一定应用深度和特色。

全书共有5章，内容如下：第1章BIM组织策划与标准，介绍项目BIM实施的组织策划，并梳理应用点和相关标准；第2章公共建筑类项目BIM应用案例，介绍BIM在公共建筑异性曲面、机电、精细化排砖、精装等专项上的应用；第3章住宅类项目BIM应用案例，重点介绍BIM在场地平整、拆改设计、地库等项目的应用；第4章市政类项目BIM应用案例，重点介绍BIM在污水处理厂、市政管网迁改和公路方面的应用；第5章装配式建筑BIM应用案例，介绍BIM全装配和部分装配式建筑正向深化设计与出图等应用。

本书可作为高等院校、职业院校土木建筑类相关专业学生和教师用书，也可供相关从业人员参考和学习。

图书在版编目（CIP）数据

BIM技术应用典型项目案例 / 王婷，陈海涛主编. —北京：科学出版社，2024.12
（高等教育BIM技术应用系列教材）
ISBN 978-7-03-074348-0

Ⅰ. ①B… Ⅱ. ①王… ②陈… Ⅲ. ①建筑设计-计算机辅助设计-应用软件-高等学校-教材 Ⅳ. ①TU201.4

中国版本图书馆CIP数据核字（2022）第240041号

责任编辑：万瑞达 / 责任校对：王万红
责任印制：吕春珉 / 封面设计：曹 来

科 学 出 版 社 出版
北京东黄城根北街16号
邮政编码：100717
http://www.sciencep.com

北京中科印刷有限公司印刷

科学出版社发行 各地新华书店经销

*

2024年12月第 一 版 开本：787×1092 1/16
2024年12月第一次印刷 印张：12 3/4
字数：300 000
定价：59.00元
（如有印装质量问题，我社负责调换）
销售部电话 010-62136230 编辑部电话 010-62130874（VA03）

前 言

PREFACE

建筑信息模型（building infomation modeling，BIM）技术正引领建筑行业的变革。随着人们对智能、绿色、可持续性等建筑功能要求不断提高，BIM 技术理念已经得到普遍认可。2022 年 1 月，住房和城乡建设部发布《关于印发"十四五"建筑业发展规划的通知》，明确提出加大力度推进智能建造与 BIM 技术在建筑业的深度应用，进一步提升产业链现代化水平。提出："推进自主可控 BIM 软件研发。积极引导培育一批 BIM 软件开发骨干企业和专业人才，保障信息安全。""完善 BIM 标准体系。加快编制数据接口、信息交换等标准，推进 BIM 与生产管理系统、工程管理信息系统、建筑产业互联网平台的一体化应用。""建立基于 BIM 的区域管理体系。研究利用 BIM 技术进行区域管理的标准、导则和平台建设要求，建立应用场景，在新建区域探索建立单个项目建设与区域管理融合的新模式，在既有建筑区域探索基于现状的快速建模技术。"2022 年 3 月住房和城乡建设部印发《"十四五"住房和城乡建设科技发展规划的通知》，要求以支撑建筑业数字化转型发展为目标，研究 BIM 技术与新一代信息技术融合应用的理论、方法和支撑体系，研究研发自主可控的 BIM 图形平台、建模软件和应用软件，开发工程项目全生命周期数字化管理平台。

如今，BIM 技术广泛应用于各大工程建设项目之中，且取得显著成效。尤其在图纸审查、机电管线综合等方面的应用已广泛普及。但 BIM 技术仍然面临着应用不落地、投入产出比低等问题。鉴于此，本书整理了具有代表性的 BIM 应用实际案例，梳理总结不同项目类型、项目特点、应用背景的项目实践案例，针对性开展 BIM 项目的实践应用，使 BIM 效益最大化。

本书由王婷、陈海涛、李渊辉、吴翔、胡群、吴觥、简勤勇、潘辉、余辰轩等共同编写，王婷、陈海涛担任主编，具体编写分工如下：王婷、陈海涛编写第 1 章；李渊辉、胡群、简勤勇、潘辉编写第 2 章；王婷、余辰轩、胡群、吴翔编写第 3 章；王婷、陈海涛、吴觥编写第 4 章；王婷、吴翔、潘辉、吴觥编写第 5 章。王婷、陈海涛负责拟定大纲及统稿、审稿。

由于编者水平有限，书中难免存在不妥之处，恳请广大读者批评指正。

王 婷

目　录

CONTENTS

第1章　BIM组织策划与标准 ··· 001

1.1　BIM组织策划 ··· 001

1.1.1　BIM实施目标 ·· 001

1.1.2　BIM实施的组织管理模式 ······································· 002

1.1.3　BIM管理 ··· 004

1.1.4　BIM实施方案 ·· 005

1.2　BIM应用点 ··· 006

1.3　BIM标准 ··· 008

1.3.1　建模标准 ··· 009

1.3.2　交付标准 ··· 009

1.3.3　验收标准 ··· 009

1.3.4　应用标准 ··· 010

第2章　公共建筑类项目BIM应用案例 ······································· 011

2.1　双曲异形混凝土结构BIM参数化应用 ····························· 011

2.1.1　项目概况 ··· 011

2.1.2　异形结构BIM模型创建 ·· 013

2.1.3　异形结构专项图纸审查 ·· 015

2.1.4　BIM数字化辅助异形结构施工 ··································· 017

2.1.5　三维可视化现场施工指导 ·· 021

2.1.6　BIM+三维激光扫描辅助施工验证 ······························ 022

2.1.7　项目总结 ··· 023

2.2　医院复杂机电管综的BIM应用 ··································· 023

2.2.1 模型创建 ··· 024

2.2.2 图纸审查 ··· 025

2.2.3 管线综合排布 ·· 026

2.2.4 物流轨道优化 ·· 029

2.2.5 医疗管网优化 ·· 031

2.2.6 净空（高）优化 ·· 033

2.2.7 管线综合出图 ·· 038

2.2.8 利用BIM平台交底 ·· 042

2.2.9 项目总结 ··· 045

2.3 基于BIM的精装可视化指导应用 ·· 046

2.3.1 BIM精装模型搭建 ·· 047

2.3.2 图纸专项审查 ·· 048

2.3.3 精装土建、机电深化设计 ·· 049

2.3.4 精装墙、地砖排布深化设计 ·· 050

2.3.5 BIM精装3D施工指导图册应用 ··· 051

2.3.6 BIM精装效果漫游 ·· 056

2.3.7 720°云全景效果应用 ··· 056

2.3.8 VR虚拟交互应用 ··· 057

2.3.9 项目总结 ··· 058

第3章 住宅类项目BIM应用案例 ··· 059

3.1 场地平整BIM设计方案优化 ··· 059

3.1.1 数字化地形模型创建 ·· 060

3.1.2 数字化地质模型创建 ·· 060

3.1.3 场地平整方案比选分析 ·· 063

3.1.4 场地方案比选优化的结论 ·· 066

3.1.5 项目总结 ··· 067

3.2 基于BIM的地库机电专项深化应用 ·· 067

3.2.1 项目概况 ··· 068

3.2.2 BIM模型创建 ··· 068

3.2.3 一般审查 ··· 069

3.2.4 专项审查 ··· 072

3.2.5 管综优化 ··· 075

3.2.6 净高分析 ·· 077

3.2.7 机电全专业出图 ·· 080

3.2.8 地库项目可视化仿真漫游与核查 ··· 083

3.2.9 BIM建模应用 ··· 083

3.2.10 项目总结 ··· 086

第4章 市政类项目BIM应用案例 ·· 088

4.1 污水处理厂项目施工BIM应用 ··· 088

4.1.1 BIM模型创建 ··· 089

4.1.2 图纸审查 ·· 090

4.1.3 管线综合系统及净空优化应用 ··· 094

4.1.4 设备运输与安装方案论证 ·· 098

4.1.5 设备BIM模型与安装后现场比对 ·· 102

4.1.6 3D施工指导图册 ·· 103

4.1.7 可视化施工指导 ·· 112

4.1.8 "BIM+"技术应用 ··· 118

4.1.9 项目总结 ·· 120

4.2 市政管网迁改BIM应用 ··· 120

4.2.1 项目概况 ·· 121

4.2.2 BIM模型自动化创建 ··· 122

4.2.3 迁改设计BIM综合应用 ··· 123

4.2.4 迁改施工BIM综合应用 ··· 125

4.2.5 竣工测量验收交付 ··· 125

4.2.6 BIM自动化工具研究 ··· 126

4.2.7 管线BIM数据标准 ·· 127

4.2.8 项目总结 ·· 129

4.3 "BIM+GIS"公路施工综合管理平台应用 ································ 130

4.3.1 项目概况与BIM应用准备 ··· 131

4.3.2 基础数据搭建 ··· 133

4.3.3 BIM+GIS数据协同平台的搭建 ·· 137

4.3.4 BIM+GIS模型应用 ··· 138

4.3.5 BIM进度管理 ·· 142

4.3.6 质检资料应用 ··· 144

    4.3.7　BIM计量管理 ···································· 145

    4.3.8　项目总结 ······································· 146

第5章　装配式建筑BIM应用案例 ··························· 147

  5.1　基于BIM的全装配预制混凝土项目正向设计应用 ············· 147

    5.1.1　项目概况 ······································· 147

    5.1.2　BIM应用前期策划 ································ 149

    5.1.3　整体建模与图审 ·································· 152

    5.1.4　BIM正向深化设计 ································ 153

    5.1.5　深化方案论证与优化 ······························ 161

    5.1.6　BIM深化设计出图 ································ 166

    5.1.7　现场预制与施工 ·································· 166

    5.1.8　深化建模与出图工具开发及应用 ······················ 181

    5.1.9　项目总结 ······································· 181

  5.2　基于BIM的装配式混凝土建筑正向设计应用 ··············· 182

    5.2.1　项目概况 ······································· 182

    5.2.2　BIM实施路线与标准化族库 ························· 182

    5.2.3　整体BIM建模 ··································· 186

    5.2.4　BIM深化设计 ··································· 188

    5.2.5　PC吊装施工模拟 ································· 192

    5.2.6　智能预制混凝土构件深化工具应用 ····················· 194

    5.2.7　项目总结 ······································· 195

参 考 文 献 ··· 196

第 1 章

BIM 组织策划与标准

1.1 BIM 组织策划

1.1.1 BIM 实施目标

建设项目实施中，制定 BIM 实施目标是 BIM 组织策划中的首要和关键工作。选择合适的 BIM 应用点，是确定 BIM 实施目标的重要工作环节，在项目的 BIM 组织策划中往往需要综合考虑项目、企业和环境等多种因素。一般情况下，BIM 实施的目标包括以下两大类。

1. 与建设项目实施相关的目标

与建设项目实施相关的目标包括打通各专业沟通壁垒，提高协同工作效率，缩短项目施工周期，提高施工生产效率和质量，降低因各种变更造成的成本损失，获得重要的设施运行数据等。例如，某污水处理厂项目，结构标高复杂、管线众多，利用 BIM 技术的特点，图纸审查可通过 3D 协同的方式进行深化设计，减少错、漏、碰、缺等问题，提高设计质量便是一个具体的 BIM 实施目标。

2. 与企业发展相关的技术或管理方面目标

利用 BIM 技术，企业积累数字化设计的经验，用于新型结构体系、施工工艺的开发或企业希望利用 BIM 技术更好地把控项目，有利于工程变更的处理，实现进度、成本、质量等目标；在项目建设完工时，可以向业主提供完整的 BIM 数字模型，其中包含管理和运营建筑物所需的全部信息。

BIM 实施目标应该具体、可量化，一旦定义了量化目标，与之对应的潜在 BIM 应用就可以识别出来。企业在应用 BIM 技术进行项目管理时，首先要制定总体目标，明确自身管理的需求，并结合 BIM 特点来确定项目管理的服务目标。

1.1.2 BIM 实施的组织管理模式

根据 BIM 实施主体和应用阶段的不同，BIM 实施的组织管理模式分为建设方主导、BIM 咨询方主导、设计方主导、施工方主导以及 BIM 总协调方主导的五种管理模式，各自特点如表 1.1 所示。

表 1.1　BIM 实施的组织管理模式对比

管理模式	适合应用阶段	特点
建设方主导	全生命周期	建设单位组织 BIM 管理团队，充分理解项目建设方的需求和目标，BIM 成果无须移交，具有高效与较强的执行落地效果，但对建设方要求具有成熟的 BIM 团队和相关 BIM 技术能力
BIM 咨询方主导	全生命周期	BIM 咨询方一般与业主直接签订合同，弥补建设方在 BIM 专业性和管理经验的不足，常在规模较大、施工复杂的大型项目中采取此类模式
设计方主导	设计阶段	设计方主导模式有利于利用 BIM 技术提升设计品质，从设计源头搭建 BIM 模型和数据。但缺乏对施工、运维等阶段的协调和配合
施工方主导	施工阶段	施工方主导模式基于 BIM 解决设计图纸与施工不符的问题，减少现场变更，并利用 BIM 信息化平台对工程质量、成本、材料等方面进行动态管理。此类模式通常需要 BIM 模型与数据重新搭建，且服务于施工方本身，缺乏对设计、运维等阶段的支持，难以发挥最大的效益
BIM 总协调方主导	全生命周期	总协调方主导模式是 BIM 总协调方在全过程中统筹 BIM 的管理，组织协调设计、施工、监理等承包商实施 BIM 应用的模式，一般由建设方或咨询方担任总协调管理。该模式将 BIM 融入项目管理中，可充分发挥 BIM 在全过程管理中的价值。要求各参与方均搭建自身 BIM 团队，在体量较小的项目中成本较大

1. 建设方主导的管理模式

建设单位在工程项目全生命周期管理中占主导地位，是工程项目的总负责方，是重要的责任主体，从项目规划阶段一直贯穿到工程项目运营阶段，覆盖项目全生命周期。由建设方主导 BIM 技术应用，可有效组织不同阶段、不同专业的项目团队提供的相关建筑工程信息，消除工程项目各参建单位之间的信息孤岛，确保各参建单位能及时、快速地获取并反馈各自所需的相关工程信息，同时对建设方提出了更加专业的要求。

2. BIM 咨询方主导的管理模式

BIM 咨询方主导的管理模式通常在规模较大、施工复杂的大型项目中应用。在对 BIM 管理水平和协调能力要求较高的条件下，建设单位的专业能力和 BIM 应用经验不足，需聘请专业的 BIM 咨询团队提供全过程、全方位的 BIM 应用支撑。建设单位与 BIM 咨询单位等可共同构成业主方 BIM 应用团队，共同开展全生命周期 BIM 应用的策划、实施、组织和协调。BIM 咨询方主导的管理模式先由设计单位进行传统的二维图纸设计，而后交由 BIM 咨询单位进行三维建模，进行设计优化，并将优化结果及时反馈给设计单位进行修改，以减少后期因设计缺陷导致的工程变更。在施工阶段，BIM 咨询方同施工、设备安装等单位协同合作，运用 BIM 信息平台进行各方信息的互用和交流。

这种模式有利于业主方择优选择设计单位，对设计进行前期优化，降低工程造价；缺点是业主方合同管理工作量大，项目实施过程中沟通难度大，不便于组织协调。因此 BIM 咨询单位需要对业主方人员进行定期培训与指导，以确保工程项目效益最大化。

3. 设计方主导的管理模式

设计单位是工程项目信息数据的源头，设计方主导的管理模式是根据工程项目应用需求及与建设单位签定合同中关于 BIM 应用的相关约定，设计单位负责进行模型创建及模型信息维护，并对工程项目各参与方进行 BIM 技术指导。在设计阶段，设计单位根据二维图纸建立初步 BIM 设计模型或者直接利用相关 BIM 软件进行三维建模，依靠 BIM 设计模型进行设计阶段 BIM 应用，并根据应用情况对 BIM 设计模型进行优化修改，形成完善的 BIM 设计模型，并传递到施工阶段，交由施工单位应用并提供相关的 BIM 应用技术指导，可以解决复杂异形建筑的设计、可视化方案沟通、复杂管线综合、建筑性能模拟以及数字化协同设计等问题。

该模式在 BIM 信息创建中发挥了重要作用，也是目前应用较广泛的 BIM 管理模式之一，但是，由于设计单位服务范围、时间范围和专业经验的限制，往往聚焦于设计阶段的 BIM 服务，对于施工阶段的协调、配合和支撑较少，客观上也无法协调施工阶段各参建单位的 BIM 应用，对于运维阶段则支撑更少。

4. 施工方主导的管理模式

施工单位是工程项目具体实施方，由施工方主导的管理模式是根据施工方自身应用或者建设单位的要求，建立 BIM 施工模型并对其进行数据维护。目前，项目的复杂性日益提高，市场竞争日益激烈，施工单位迫切需要更为先进的施工管理方法和工具，以提高自身的施工管理能力和市场竞争能力。在实际施工阶段，施工单位主要利用 BIM 技术模拟建造，提前发现问题并解决，对工程质量、成本、材料等方面进行动态管理和对比分析，从而提高工程进度、质量和安全管理水平，进而为建设单位创造价值。

在施工单位主导模式下，由于施工单位多出于自身业务需要而开展 BIM 应用，因此，BIM 应用主要侧重于项目施工阶段，在工程施工阶段结束后，并不能很好地继续发挥 BIM 技术的应用价值，对后期运维管理支持力度不足。从全生命周期角度来看，BIM 模型服务阶段单一，不利于发挥 BIM 技术在工程项目全生命周期中的数据集成优势。同时，从工程管理价值的角度来看，施工阶段的任何变更对于工程的成本影响均较大，因此从项目管理角度来看，并不能发挥 BIM 技术的最大价值。

5. BIM 总协调方主导的管理模式

BIM 总协调方在项目全过程中统筹 BIM 的管理，制定统一的 BIM 实施及技术标准，编制各阶段 BIM 实施计划，组织协调设计单位、施工单位、监理单位以及承包商等参与方共同实施，审核汇总与组织验收各参与方提交的 BIM 成果，对项目的 BIM 应用进行整体组织、规划、监督、管理与指导。BIM 总协调方通常由建设单位自行组建团队或聘请 BIM 咨询方团队承担，且要求设计方、施工方也组建 BIM 实施团队，由 BIM 总协调方在项目全过程中统筹 BIM 管理。

这种模式将 BIM 主导工作由具体 BIM 实施转向 BIM 管理，有利于 BIM 效益的发挥；缺点是须设计方与施工方均具备成熟的 BIM 实施团队，这就要求 BIM 总体环境较为成熟。这种模式多用于在 BIM 应用较为普及的发达地区。

1.1.3　BIM 管理

1. BIM 实施原则

（1）职责范围一致性原则

在项目 BIM 实施过程中，BIM 实施方对 BIM 模型所承担的工作职责及工作范围，应与其项目承包任务和承包范围一致，同时对项目范围内最终的 BIM 成果负责。

BIM 实施方有责任根据项目的进展及相关标准的要求开展 BIM 的实施工作，并根据合同范围按相关合同节点提交 BIM 工作成果，并确保提交的 BIM 工作成果的正确性及完整性。

（2）BIM 模型维护与实际项目同步原则

在项目 BIM 实施过程中，应与实际项目进度保持同步，且过程中的 BIM 模型和相关成果应及时按规定节点更新，以确保 BIM 模型和相关成果的一致性。

（3）软件版本及接口一致性原则

在项目启动前，须指定 BIM 协同平台的权限及建模软件的类型及版本，并对交付成果的文件（数据）格式做统一规定。BIM 实施方应按规定选用项目 BIM 实施建模软件，提交统一格式的成果文件（数据）。项目实施过程中，不同专业软件之间的传递数据接口应符合标准规定，以保证最终 BIM 模型数据的正确性及完整性。

2. BIM 过程管理机制

（1）BIM 例会制度

BIM 实施过程中，成果提交及审批与项目信息传递应在 BIM 协同平台中进行，若无 BIM 协同平台，则建议采用邮件、其他平台等可追溯的工具进行成果提交，确保 BIM 模型数据的统一性与准确性，以及各参与方项目信息的有效传递，提高协作效率。

项目应定期组织 BIM 协调会，协调并解决各参与方 BIM 实施中的问题。协调会由 BIM 主导方组织。会议内容具体如下：

1）对上次例会中关于 BIM 工作落实情况的检查。

2）对 BIM 实施过程中遇到的问题进行讨论并提出解决方案。

3）BIM 工作下一阶段计划的制订。

（2）BIM 成果审查制度

在项目正式实施前，应明确 BIM 成果的审查制度和审查要点，确保提交 BIM 成果的质量。一般情况下，BIM 成果交付及审查流程如图 1.1 所示，具体内容如下：

1）交付方在 BIM 成果交付前，对 BIM 成果进行自检，自检合格后，由该单位 BIM 负责人签发 BIM 成果交付函件、签收单等，并与 BIM 成果一起提交审查方审核。交付方须根据审查方的整改意见进行修改或调整。

2）审查方以书面记录方式将质量检查的结果提交建设单位审阅。

3）对于不合格的模型交付成果，审查方明确告知相关参与方不合格的情况和整改意见，由相关参与方进行整改。

4）全部验收合格的 BIM 成果，由 BIM 审查方汇总整理，将最终的成果及意见形成规范的格式文件交建设单位归档。

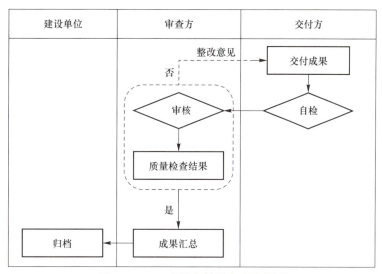

图 1.1　BIM 成果交付及审查流程图

BIM 成果审查要点如下：①提交内容是否与设计单位要求一致；②提交成果格式是否与设计单位要求一致；③ BIM 模型是否满足相应阶段 LOD（level of details，精细程度）精度要求；④各阶段 BIM 模型与提交图纸是否相符；⑤现阶段 BIM 模型是否满足下一阶段应用条件；⑥各阶段 BIM 模型应有符合当前阶段的基础信息。

1.1.4　BIM 实施方案

项目 BIM 组织策划阶段应制定 BIM 实施方案，统一各参与方的 BIM 实施标准，具体内容包含以下方面。

1）工程概况：介绍项目基本信息与 BIM 实施范围。

2）项目 BIM 管理体系：包括总体目标、管理架构、各参与方职责及要求和相关保障措施等。

3）项目 BIM 实施计划：确定项目各个阶段 BIM 实施应用点，包括应用内容、实施流程和成果交付。

4）BIM 模型信息管理标准：明确项目中采用的 BIM 建模标准、软件版本、文档结构、命名规则、色彩规则、度量标准、坐标系统、软硬件要求等。

5）项目成果交付要求：确定项目交付成果符合设计要求。

6）权限分配：指定各参与方在协同平台上的权限，明确项目 BIM 成果数据的协同方式，以实现多专业、多用户的数据共同访问。

7）审核/确认：确定图纸和 BIM 数据的审核、确认流程。

8）文件模板：统一样板文件及工作表单。

1.2 BIM 应用点

BIM 应用点应根据项目实际特点进行选择。根据应用阶段的不同，BIM 应用点如表 1.2 所示；根据 BIM 应用专项分类，服务清单如表 1.3 所示。

表 1.2 各阶段 BIM 应用点

阶段	应用点
方案设计阶段	场地分析
	建筑性能模拟分析
	设计方案比选
	虚拟仿真漫游
初步设计阶段	建筑、结构专业模型构建
	建筑结构平面、立面、剖面检查
	面积明细表统计
	机电专业模型创建
施工图设计阶段	各专业模型构建
	碰撞检测及三维管线综合
	净空优化
	二维制图表达
施工准备阶段	施工深化设计
	施工场地规划
	施工方案模拟
	构件预制加工

续表

阶段	应用点
施工实施阶段	虚拟进度与实际进度对比
	设备与材料管理
	质量与安全管理
	竣工模型构建
运维阶段	运维管理方案策划
	运维管理系统搭建
	运维模型构建
	空间管理
	资产管理
	设施设备维护管理
	应急管理
	能源管理
	运维管理系统维护
工程量计算	设计概算工程量计算
	施工图预算与招投标清单工程量计算
	施工过程造价管理工程量计算
	竣工工程量计算
预制装配式混凝土建筑	预制构件深化设计
	预制构件碰撞检测
	预制构件生产加工
	施工模拟
协同管理平台	施工进度管理
	业主协同管理
	设计协同管理
	施工协同管理
	咨询顾问协同管理

表 1.3 专项 BIM 应用服务清单

专项	应用项	应用说明
BIM 基础建模与图审	模型创建	依据设计院提供的图纸，创建全专业 BIM 模型，涵盖建筑、结构、暖通、给排水、消防、强电、弱电等专业
	图纸审查	对已创建全专业 BIM 模型开展集成审核，内容包括对图纸图面、各专业碰撞和设计不合理之处等常规审查，以及针对地下室防火卷帘、坡道、车位、集水坑、地上电梯、洞口等专项审查，对发现的问题进行整理汇总，形成问题报告，以问题追踪表形式对问题进行协调、跟踪和复核，直至问题解决
BIM 深化交底	机电、管线综合与净空检查	借助模型，核查图纸未暴露的"错、漏、碰、缺"，重点是机电碰撞核查和净空核查。核查后提交相关净空检查报告及优化建议。针对不满足设计要求、或不具备可施工性的部分，应与设计方反复调整，直到满足净空要求和核心管线的排布要求。明确各个区域所能达到的净空尺寸，并对净高不足区域提出预警
	装饰、装修深化设计	不规则外装定位、排布（重点区域）
		内装的装饰排布优化与出图（重点区域）
		屋面防水地砖深化施工（重点区域）
	现场管理、施工交底	通过 BIM 轻量化模型，以及相关项目过程重要成果，对现场服务进行施工技术交底，使项目管理人员清晰、全面理解，便捷地指导现场施工。同时，对接施工方，跟进现场施工进度，了解施工过程中的重点、难点，挖掘 BIM 的应用点，协调指导施工
BIM 可视化应用	室内、外全景竣工漫游	创建室内精装修、室外场景等 BIM 模型，利用 BIM 软件制作工程竣工室内、外效果图，业主可提前了解竣工后效果，便于方案决策
	施工进度模拟	根据施工场地布置进行 BIM 建模，配合施工方进行施工预案研究和施工模拟
	场地布置模拟	创建场地布置、基坑开挖模型。在模型中体现施工安全文明标识、施工办公室、施工通道、临水临电、塔吊、材料堆场等核心要素，利用该模型进行场地动态流线模拟，为场地布置方案优化提供建议
	关键工序、节点等模拟	对砌体工艺、脚手架施工、屋面防水等工序（选一）进行动态仿真模拟

1.3 BIM 标准

与其他行业相比，建筑物的建造是多方高度协作完成的，通常由多个平行的利益相关方在较长的生命周期中协作完成。因此，建筑业的信息化尤其依赖不同阶段、不同专业之间的信息传递，为建筑全生命周期中各阶段、各工种的信息资源共享和业务协作提供保障。

目前，我国已颁布了《建筑信息模型应用统一标准》（GB/T 51212—2016）、《建筑信息模型设计交付标准》（GB/T 51301—2018）、《建筑信息模型施工应用标准》（GB/T 51235—2017）等国家标准，这些是工程建设行业开展 BIM 应用的强制性标准。本节内容主要介绍项目级 BIM 标准，其主要目的是为了统筹管理项目设计、施工、供货等参建单位的 BIM 模型。

对于全过程应用的工程建设项目，项目级 BIM 标准的编制是为了提高管理效率，降低建造成本，为施工阶段提供可用的设计阶段的数据资源，为工程算量、后续运维等提供完整、规范、准确的基础信息，实现企业项目管理各环节之间的信息共享与协同作业。同时为企业信息化提供资源的整合、信息的共享与业务的协同，建立支撑工程信息共享的 BIM 信息交换接口，实现 BIM 模型的导入、系统内模型数据的整合、模型及信息的导出、模型与信息的交互浏览等。其宗旨是将 BIM 技术充分应用在工程项目全生命周期中。依据上述目标，项目级 BIM 标准重点分为建模标准、交付标准、验收标准与应用标准。

1.3.1　建模标准

建模标准主要包括建模规划、命名规则、建模方法、模型组织、模型文件格式、模型表达规则、模型构件扣减规则等，适用于大多数的 BIM 项目，具有较强的通用性，主要内容有以下几点。

1）建模规划主要对项目基点、定位、方位、模型坐标、高程进行说明及提出明确要求，统一规定所有模型使用的单位和度量制。

2）命名规则主要制订各专业代码、子系统代码、模型文件、模型存储构架等的命名规则，以便于开展 BIM 工作。

3）建模方法主要确定采用何种设计方式建立模型、视图等。

4）模型组织主要是指模型按专业施工顺序、结构分区等拆分、整合、变更。

5）模型文件格式主要确定模型在共享、交换、浏览中的文件格式。

6）模型表达规则主要是按专业制定相应的配色规则等。

7）模型构件扣减规则主要是确定构件之间交汇的规则，确保工程量计算结果的准确性。

1.3.2　交付标准

交付标准主要包括模型建模深度、各阶段模型信息内容。

1）模型建模深度：不宜采用超过项目需求的模型深度，模型深度应满足项目工程量计算要求，符合现行有关工程文件编制深度的规定，可以通过信息粒度和模型精度进行表达。

2）各阶段模型信息内容：确定模型构件在项目各阶段包含的几何信息和非几何信息的主要内容和精细等级。

1.3.3　验收标准

验收标准主要包括模型验收标准和模型出图标准。

1）模型验收标准：核查项目模型的完整性，查看是否有漏缺或无法显示；对照三维模型与二维图纸，保证图模一致性；对模型相关基本设定进行核查；对模型重点区域（如楼梯、电梯间，卫生间结构降板等）参照相关说明和标准要求进行核查。

2）模型出图标准：主要对 BIM 模型出图内容和深度进行规定，进一步验证图模一致性。

1.3.4 应用标准

应用标准主要包括成本管理、质量管理、进度管理、后期运维、平台管理等方面，主要内容为利用 BIM 模型开展实际应用的主要需求、实现方式及主要应用内容等。

1）成本管理：将 BIM 模型提供的构件信息导入相关工程量计算软件或 Revit 插件，计算工程量，并与成本清单项对比，满足成本核算需要。

2）质量管理：利用 BIM 模型可视化特点及现场移动设备对质量进行监控，在 BIM 模型中准确定位现场检查管理、验收管理中的质量问题，为及时、准确解决质量问题提供基础。

3）进度管理：将 BIM 模型作为项目进度计划可视化的载体，将项目进度计划中的工程节点与 BIM 模型相对应，通过 BIM 平台及相关功能软件实现项目进度计划模拟。

4）后期运维：通过 BIM 模型获取项目资产管理、设备运维管理等相关信息，为后期运维管理提供项目真实的状况，提高后期运维管理效率，降低运营成本。

5）平台应用：满足除成本管理、质量管理、计划管理等以外的其他模型应用，可以是对 BIM 模型中构件信息、模型文件的直接应用，也可以通过 BIM 平台共享模型信息，利用相关功能软件来实现模型应用。

公共建筑类项目 BIM 应用案例

2.1　双曲异形混凝土结构 BIM 参数化应用

空间曲面建筑因其独特的造型和强大的视觉冲击力，常用于各地的标志性建筑的建设。而曲面的复杂造型结构，给后期的精准施工带来较大困难。如何通过先进技术实现对曲面结构的精准施工，成为一项艰巨的任务。本节通过南昌某管理中心项目，介绍 BIM 参数化在双曲异形混凝土结构中的应用。

2.1.1　项目概况

南昌某管理中心项目由 3 栋椭圆形大楼与中庭组成，如图 2.1 所示，主体结构俯视呈三叶草状，造型独特。3 栋椭圆形大楼顶部设有高 4.1m 的空间弧形飘带状梁（简称飘带梁），该梁从中庭沿着建筑外轮廓至顶部，水平与竖向视角均为弧形，具有独特的

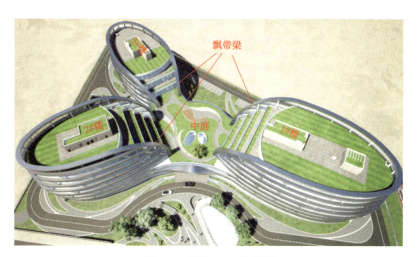

图 2.1　项目 BIM 效果图

空间双曲弧形外观。飘带梁设计最初方案采用钢结构形式，但钢结构需要定期进行防锈防腐、防火变形监测与处理，后期维修保养相对较困难，而钢筋混凝土结构的耐久性、耐火性及整体性较好，故将设计方案改为钢筋混凝土外包铝板的结构形式，但该结构形式的施工对现场钢筋、模板的加工和定位安装提出了更高的要求。因此，本节重点介绍飘带梁 BIM 参数化应用，其施工重、难点如下。

1）钢筋、模板定位安装难度大。飘带梁为双曲面异形的结构形式，每个断面的钢筋、模板的位置、高程都不同，定位数据计算复杂。此外，飘带梁长度 33.7m，高度 23.88m，距离主体最大水平临空长度 8.2m，如图 2.2 所示。整个飘带梁施工作业均为空中作业，定位点的建立须搭设临时支架，精度控制难度大。

图 2.2　飘带梁临空长度

2）截面形状尺寸随高度渐变，对钢筋模板的加工拼装难度较高。飘带梁的双曲面异形结构使整根梁的截面形状自下而上由类平行四边形向矩形渐变，如图 2.3 所示，因此飘带梁不同位置的法向截面尺寸不同，对钢筋形状、模板切割、拼装、加固等均存在一定的施工难度。

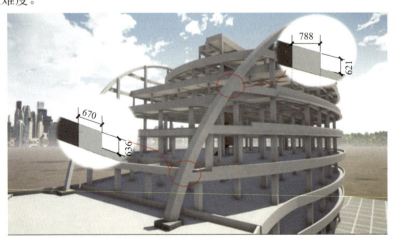

图 2.3　飘带梁截面形状

3）外包铝板尺寸较小，对混凝土结构施工精度要求高。根据设计图纸，飘带梁顶面、底面与外包铝板的间距仅为 7.5cm，一旦飘带梁存在竖向弧度的偏移，将无法通过控制铝板去修复外形的偏差。

飘带梁为曲面异形结构的核心问题在于对其形状的理解和定位难度较大，因此，须基于 Revit 建模软件结合其参数化编程软件 Dynamo 对飘带梁开展参数化建模、钢筋模板优化，为现场施工提供数字化支撑以及三维可视化指导。

2.1.2　异形结构 BIM 模型创建

飘带梁结构在平面上的路径呈椭圆形，在立面上的路径由下到上呈弧形，如图 2.4 所示，在屋面层处立面上则无变化呈弧形梁样式。常规 BIM 建模软件 Revit 绘制此结构造型极其困难，且分层分段绘制的重复性工作量大，建模效率较低；当图纸中存在参数变更时不易修改模型。因此，须使用 Revit 的参数化建模插件 Dynamo 创建空间双曲线弧形梁的模型。

空间双曲线弧形梁分段建模的思路是将 Dynamo 中的线转换为体，再运用实体间的互相剪切将曲面模型体转换为空间曲面弧形体，如图 2.5 所示。

创建飘带梁 BIM 模型步骤具体如下：

1）在 Dynamo 中获取空间双曲线弧形梁在平面图中的位置与轮廓，将平面轮廓向 Z 轴正方向拉伸［图 2.4（a）］，创建单曲面主体模型。

2）在 Dynamo 中获取立面图中空间双曲线弧形梁的底边轮廓线，依据底边轮廓线与梁厚获取梁在立面上的顶边轮廓线［图 2.4（b）］。

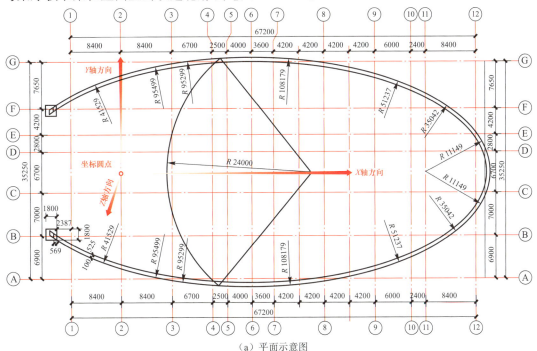

（a）平面示意图

图 2.4　飘带梁平立面图纸示意图

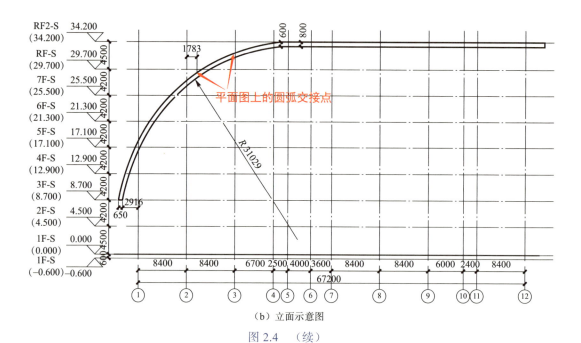

RF2-S (34.200)	34.200
RF-S (29.700)	29.700
7F-S (25.500)	25.500
6F-S (21.300)	21.300
5F-S (17.100)	17.100
4F-S (12.900)	12.900
3F-S (8.700)	8.700
2F-S (4.500)	4.500
1F-S (0.000)	0.000
1F-S (−0.600)	−0.600

平面图上的圆弧交接点

R 31029

1783

2916
650

600 800

4500 4200 4200 4200 4200 4200 4200 4200 4500 600

8400 8400 6700 2500 4000 3600 8400 8400 6000 2400 8400

67200

① ② ③ ④⑤ ⑥ ⑦ ⑧ ⑨ ⑩⑪ ⑫

（b）立面示意图

图 2.4 （续）

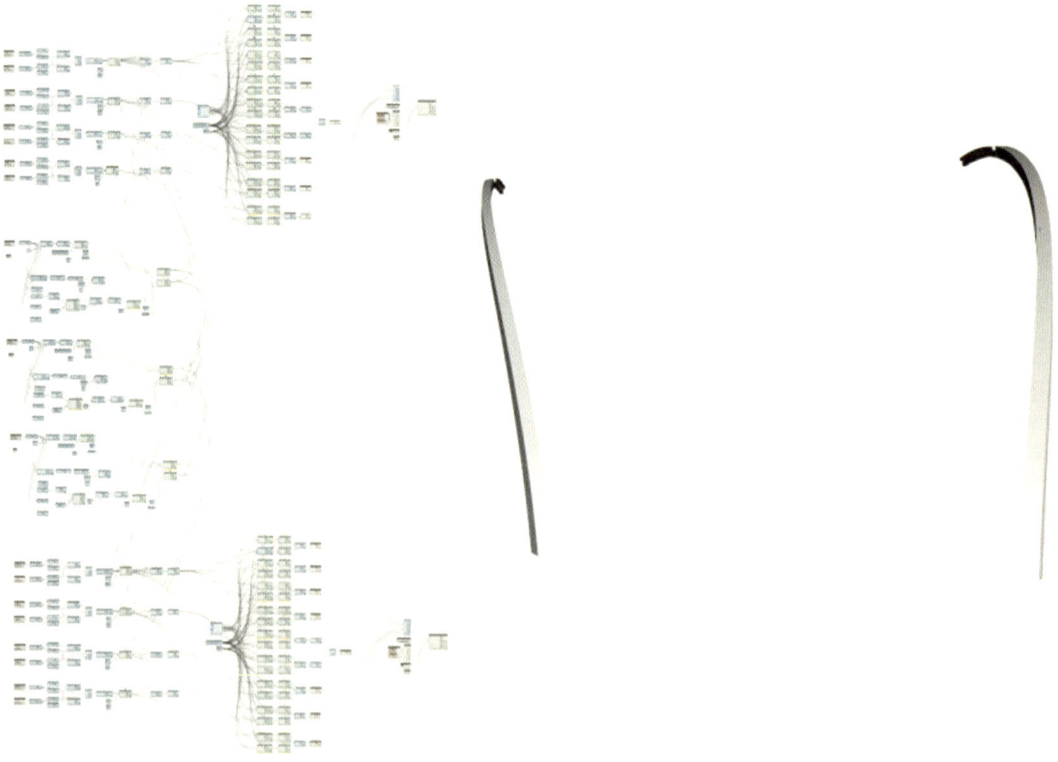

图 2.5 飘带梁模型图

3）分别将底边与顶边轮廓线先转换为面再转换为模型体，利用模型体剪切主体模型，得到 3F 至屋面层的整段梁模型。

4）将空间双曲线弧形梁的平面水平轮廓分别偏移至某层的底部与顶部标高处。

5）将底部与顶部标高处的轮廓线转换为实体剪切整段梁，得到的模型体是本层底部标高至顶部标高段的空间双曲线弧形梁模型。

6）改变底部标高与顶部标高参数，运行程序，依次创建每层梁的模型体，并统一导入 Revit 软件中赋予类型属性参数。

2.1.3　异形结构专项图纸审查

飘带梁独特的造型为该建筑物设计的点睛之笔，也是施工的关键点和难点。为保证飘带梁的设计准确性，以及施工的精度，将飘带梁结构 BIM 模型与项目全专业 BIM 模型进行集成并三维校验，针对飘带梁结构形状、专业冲突等方面开展 BIM 专项图纸审查，并将发现的问题与意见整理成册，编制《飘带梁专项图审报告》，如图 2.6 所示。

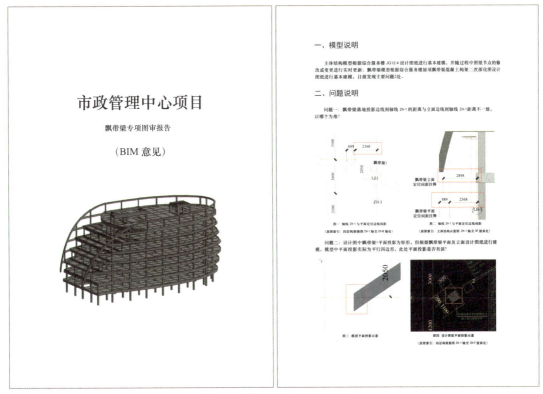

图 2.6　飘带梁专项图审报告

◆案例一：飘带梁结构形状——截面由矩形改为类平行四边形

原设计图纸所提供的飘带梁截面为矩形，如图 2.7（a）所示，以致施工人员误以为梁截面统一为矩形，钢筋与模板均按照矩形进行加工，但根据 BIM 模型展示，飘带梁自下而上，截面形状从类平行四边形渐变为矩形，如图 2.7（b）所示的飘带梁截面就是类平行四边形。基于 BIM 模型与设计单位现场充分确认后，设计方认可图纸问题，BIM 模型无误，并按照 BIM 模型进行了重新出图，保障了飘带梁结构的准确性。

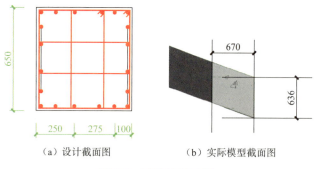

（a）设计截面图   （b）实际模型截面图

图 2.7 飘带梁截面图

◆案例二：结构冲突——截面优化后飘带梁落地位置与基础发生偏移

按案例一确定的方案结果，原飘带梁落地位置的截面由矩形改为类平行四边形，与基础偏离，如图 2.8（a）所示。经与设计单位沟通论证，调整基础位置，提前解决该问题，如图 2.8（b）所示。

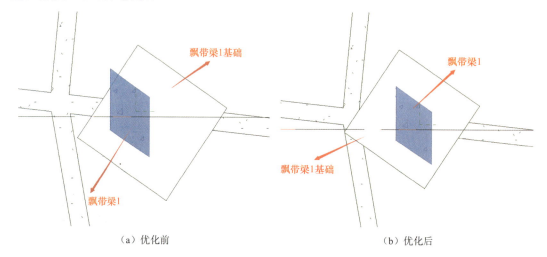

（a）优化前   （b）优化后

图 2.8 飘带梁落地位置与基础冲突

◆案例三：专业冲突——飘带梁落地位置与景观道路冲突

根据景观图纸，创建屋面种植花园景观效果场景，在可视化校验过程中发现，该屋面花园道路设计未考虑飘带造型根部落地位置，导致两处飘带梁落地处与花园道路冲突，如图 2.9 所示。因此对景观道路位置进行了调整，确保后期施工的顺畅。

图 2.9　飘带梁落地位置与景观道路冲突

2.1.4　BIM 数字化辅助异形结构施工

经过多次方案讨论，BIM 技术在飘带梁设计中体现了重要作用，相关问题已成共识，现场总体施工流程也由现场施工主线流程与 BIM 副线流程两个流程组成，如图 2.10 所示。在施工主线流程中，飘带梁采用分节施工，通过分截面进行定位箍筋加工与安装。BIM 副线流程为现场施工主线流程提供现场测量定位数据、模板加工数据、定位箍筋加工尺寸数据，为施工主线流程做数据支撑。同时，依据现场飘带梁专项施工技术方案，编制相应的 BIM 施工方案，并针对飘带梁测量放样、模板加工与支模、钢筋绑扎等方面进行施工方案的优化。

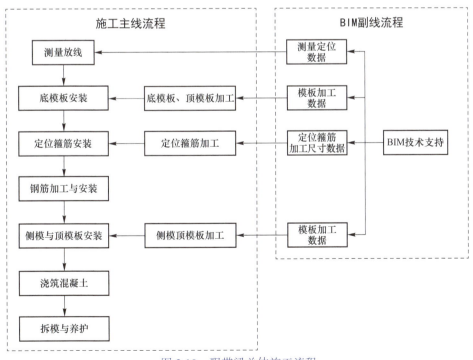

图 2.10　飘带梁总体施工流程

图 2.11　BIM+3D 打印实物

1．BIM+3D 打印辅助施工方案论证

飘带梁悬挑临空高度平均 4.5m，距离主体最大临空长度为 8.2m，截面尺寸渐变，设计外包铝板空余间距仅 7.5cm，因此，对施工作业与施工精度都提出了非常高的要求。为了便于现场人员进行方案讨论，以及各专业人员可以更形象地了解飘带梁构造，项目采用 BIM+3D 模型打印技术，对飘带梁区域进行比例打印，形成模型实物，如图 2.11 所示。利用 BIM+3D 打印模型，在对飘带梁进行专题讨论时，可形象展示异形构造，极大地促进了会议沟通的效果。

2．BIM 在测量放线中的应用

施工现场搭建飘带梁测量放样的局部坐标系，确保其与 BIM 模型的坐标系及高程基准保持一致。其中，高程基准参照设计高程，平面坐标系原点与 X 轴、Y 轴方向如图 2.4（a）所示。通过在 BIM 模型中查询飘带梁的坐标，能快速、准确、批量输出飘带梁的定位坐标和高程数据，如图 2.12 所示，现场测量员可基于该定位数据通过全站仪进行测量放样。

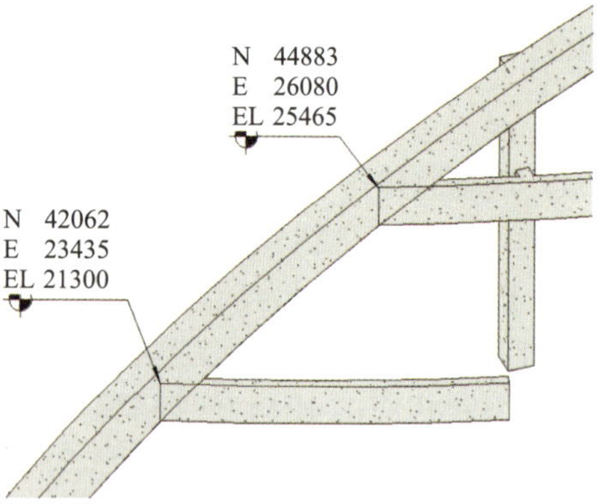

N　44883
E　26080
EL 25465

N　42062
E　23435
EL 21300

图 2.12　BIM 定位坐标高程查询

3．定位箍筋的安装

飘带梁施工根据楼层标高分节施工，分节示意图如图 2.13 所示，共分为 7 节。为便于飘带梁结构形状定位，现场制作定位箍筋，箍筋尺寸与飘带梁的法向截面尺寸一致，为类平行四边形。

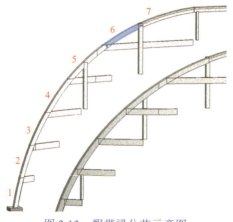

图 2.13　飘带梁分节示意图

因此，该项目采用自适应体量族创建基于四个角点的定位箍筋族，并设置钢筋长度、加工角度的参数数据，该方法可以适用于飘带梁任意位置的截面定位。定位时，根据 1m 间距设置断面，通过 Dynamo 批量计算飘带梁每隔 1m 的截面四个角点的坐标参数数据，再通过 Dynamo 进行自适应箍筋族的批量放置，生成定位箍筋的 BIM 模型，并与飘带梁混凝土模型集成，以可视化的方式进行尺寸的复核，确保 BIM 模型的准确无误。基于定位箍筋 BIM 模型批量导出钢筋形状数据，同时输出定位箍筋加工图，如图 2.14（a）所示。现场按照给定的钢筋数据与图纸进行钢筋加工，并标记四个角点定位顺序编号及方向，如图 2.14（b）所示，确保现场安装顺序、方向准确无误。

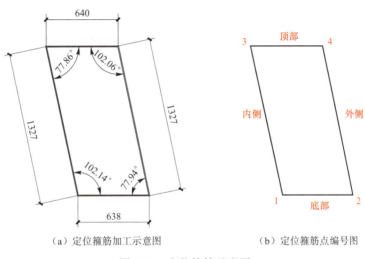

（a）定位箍筋加工示意图　　　　　（b）定位箍筋点编号图

图 2.14　定位箍筋示意图

4．结构箍筋参数化建模

结构箍筋与定位箍筋类似，通过 Dynamo 批量计算箍筋参数，并批量生成箍筋模型。箍筋安装过程中，底部箍筋应延底模板范围放置，并垂直于底模。基于 BIM 模型获取钢筋的定位数据，立面与水平方向钢筋模型如图 2.15（a）与（b）所示。

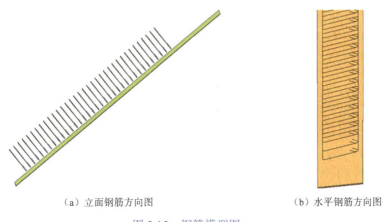

（a）立面钢筋方向图　　　　　　（b）水平钢筋方向图

图 2.15　钢筋模型图

5. 模板加工与安装

由于飘带梁为空间异形曲面结构，现场模板加工和拼装难度大，常造成模板的重复加工和返工，效率低且浪费模板材料。因此，采用 BIM 技术进行模板的精准化建模和加工可有效解决上述问题。使用 Dynamo 对飘带梁各个表面进行点位布置，并通过最小二乘法计算最佳的拟合平面，并投影于该平面，将弧形曲面转换为平面，如图 2.16 所示。通过弧长与平面投影长度的误差计算（弧长为 5.177m，长度误差为 4.15mm），长度误差不足千分之一，因此按照投影形状加工模板，满足现场模板安装精度要求。

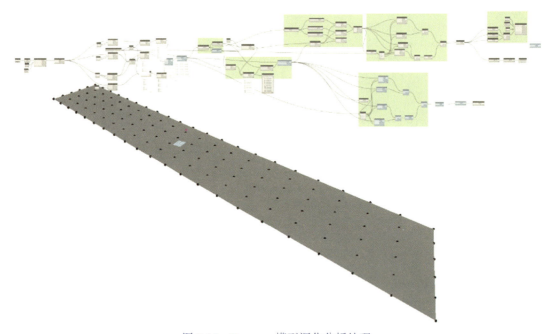

图 2.16 Dynamo 模型深化分析处理

现场模板采用的是 1830mm×915mm 标准木模板，按此标准划分 BIM 模型表面，设置间距为 915mm，且寻找到最佳直角位置进行模板划分，以实现模板的最大化利用。根据划分的模板模型，进行自左向右对应现场飘带梁自下而上的编号出图，用于指导现场的模板加工，如图 2.17 所示。

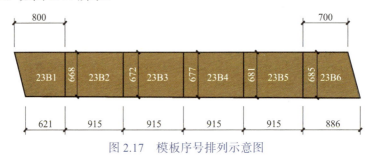

图 2.17 模板序号排列示意图

依据加工的定位箍筋弹线进行模板的安装，安装顺序为底模安装、侧模安装、钢筋安装、顶模安装。图 2.18 所示为飘带梁一节段模板安装 BIM 模型。

图 2.18　模板安装 BIM 模型

2.1.5　三维可视化现场施工指导

通过 BIM 模型与 Fuzor 软件制作飘带梁施工工艺视频，对现场施工人员进行飘带梁专项可视化施工技术交底，如图 2.19 所示。这样可直观地反映建筑外观造型，减小施工人员对异形构件的三维想象差异，避免盲目施工，并通过对模板参数化建模，实现模板尺寸精细化控制，节省物料及工期。图 2.20 所示为施工方根据 BIM 提供的数据开展现场施工的全过程。

图 2.19　BIM 可视化交底会议

（a）现场底膜拼装   （b）定位箍筋加工

（c）定位箍筋安装   （d）钢筋绑扎   （e）封模与加固

图 2.20　现场施工工序

2.1.6　BIM+ 三维激光扫描辅助施工验证

三维激光密集点云扫描系统具有速度快、精度高、易操作、可移动等特点。通过对现有建筑进行激光扫描，计算机根据扫描数据还原现有建筑模型，从而达到各种应用的目的。通过激光密集点云扫描技术，对现场成型飘带梁进行实地扫描并生成实际点云模型，如图 2.21 所示，再通过 BIM 模型与密集点云扫描的实际模型进行叠加对比，得出实际模型的误差数据，为现场飘带梁的修补工作提供技术依据，并复核铝板安装空间是否满足要求，如图 2.22 所示。

图 2.21　飘带梁现场及扫描生成的实际点云模型

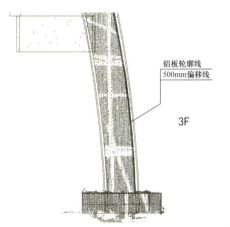

铝板轮廓线
500mm偏移线

3F

图 2.22　BIM 模型与密集点云数据处理实体模型

2.1.7　项目总结

　　本节以双曲面异形混凝土飘带梁结构施工为例，使用 Dynamo+Revit 创建了多段空间双曲面弧形梁 BIM 模型，并利用 3D 打印技术，解决现场施工人员对该异形结构的造型难理解、定位难的问题；然后，通过利用 Dynamo 参数化程序实现各截面钢筋加工图与模板加工图的出图，指导现场钢筋加工、模板加工及现场定位等问题；最后，通过 BIM+ 三维激光扫描技术对施工后混凝土结构的形状进行复核，实现了该异形结构施工全过程的应用，大幅提升了空间曲面结构的施工精度与效率。

2.2　医院复杂机电管综的 BIM 应用

　　本节依托江西省某医院项目。该项目总建筑面积约为 152698.39m²，共 5 个单体，分别为医技楼、1# 住院楼、2# 住院楼、行政后勤楼、科研教育楼，如图 2.23 所示。

该项目机电管线涵盖净化空调、医用气体和物流轨道等特殊设计，管线排布复杂，净高有限。其中，住院楼、行政后勤楼、科研教育楼标准层层高 3.60m，结构梁底标高 2.8m，吊顶 2.4m，机电优化净空间仅为 0.4m，机电排布空间小；医技楼、住院楼具有 1800mm×600mm 大尺寸物流轨道与 1250mm×630mm 大尺寸风管，且涵盖净化空调和医用气体等多种特殊医疗管线，机电管线尺寸大、种类多，管综排布难度较大。因此，该项目聚焦于机电管线专项应用，旨在优化管线排布、避免碰撞，指导现场管线安装。

图 2.23　某医院项目建筑、结构整合模型

2.2.1　模型创建

该项目 BIM 工作团队根据建筑、结构和机电等施工图纸（电子文件通过登录 www.abook.cn 网站下载），运用 Revit 软件进行全专业 BIM 模型创建，包括 5 个单体的土建、机电以及市政管线基础模型。图 2.23 所示为该项目建筑、结构整合模型，图 2.24 和图 2.25 所示为医技楼的结构、机电综合模型。建模过程中，团队人员对各个专业模型进行自查、互查和负责人审查，确保 BIM 模型准确，且与图纸保持一致。

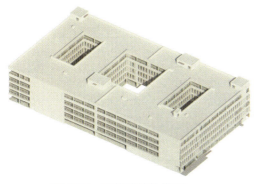

图 2.24 医技楼结构模型

图 2.25 医技楼机电综合模型

2.2.2 图纸审查

将多专业的 BIM 模型进行集成，以三维可视化形式查找设计图纸问题，包括碰撞问题、预留预埋问题等，将发现的专业内、专业间的图纸问题，以碰撞报告形式反馈给设计单位，并组织 BIM 协调会对图纸问题进行交底，同时记录设计方的答复。设计单位出具变更图纸后，BIM 团队及时更新模型并二次核实确认，形成问题销项表，对问题闭环管理。该项目机电图纸审查问题主要为机电与楼板、剪力墙冲突未预留洞口问题。

◆ 案例一：机电预留——板洞口

案例剖析：净化空调处理设备位于屋面，净化空调处理设备接出的风管从屋面通往4 层、5 层的手术室，但屋面或楼板处未预留风管洞口，如图 2.26（a）所示。

解决方案：将风管立管位置和尺寸标识说明，反馈到结构设计师，建议增设对应洞口及洞口四周增加构造梁，如图 2.26（b）所示。

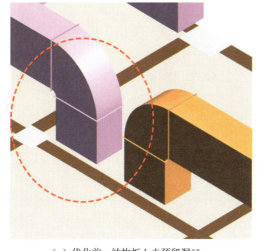

（a）优化前：结构板上未预留洞口

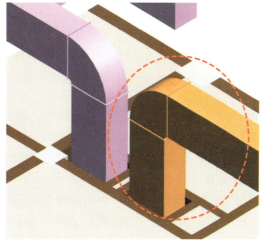

（b）优化后：增设洞口构造梁

图 2.26 机电预留——板洞口

效益价值：此类问题共发现 185 处，节约后期开孔及加固成本约 5.3 万元，保证工期和结构安全，确保风管准确安装。

◆ 案例二：机电预留——剪力墙洞口

案例剖析：1#、2# 住院楼楼梯前室设有加压送风口，风口尺寸为 400mm×1650mm，但设计图中该处剪力墙未预留洞口，风管无法正常安装，如图 2.27（a）所示。

解决方案：建议在剪力墙上增设对应洞口，如图 2.27（b）所示。

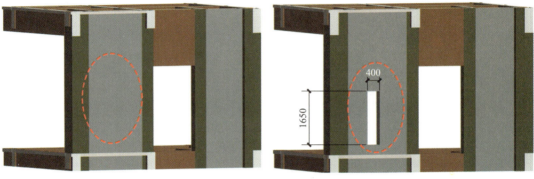

（a）优化前：结构墙未预留风口洞口　　　　　（b）优化后：结构墙提前预留风口洞口

图 2.27　机电预留——剪力墙洞口

效益价值：此类问题共有 45 处，节约剪力墙后期开孔成本约 4.5 万元，保证工期和结构安全，确保送风口一次性安装。

2.2.3　管线综合排布

1．机电管线初排

常规优化原则为由上而下，依次为无压力管道、风管和桥架（通常情况下，桥架贴梁底，风管在吊顶高度需安装风口时，桥架在上，风管在下），最下层为给水消防等压力管道。结合医院管线特点和现场安装要求，确定该项目的管线初排原则如下：

1）小管让大管，有压管让无压管，低压管让高压管，分支管线让主干管线。

2）走廊空间管线多，标准层高较低，考虑使用综合支吊架。

3）机电管线排布时，须考虑医用气体用管线少翻弯和物流轨道尺寸大，变坡距离长、难翻弯等特点。

4）电缆桥架和给排水消防管道利用梁窝上翻避让风管，使净空高度达到要求。

5）所有给排水、消防管道均不得布置在电缆桥架上面，喷淋管道通过主管下三通接房间支管。

图 2.28 所示为复杂区域走廊管综调整前后对比，调整前各管道处于同一标高，碰撞严重，按照上述原则进行管线调整，将各专业管线相互错开，分开强弱电桥架，避免

信号干扰，同时预留风口和检修空间。

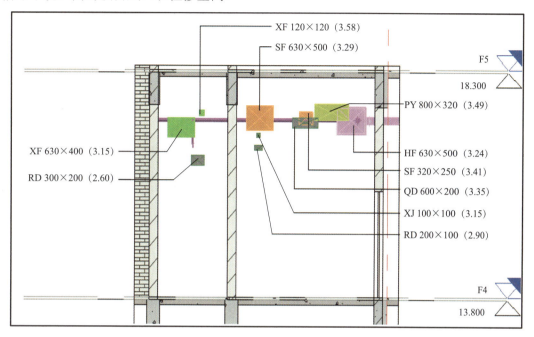

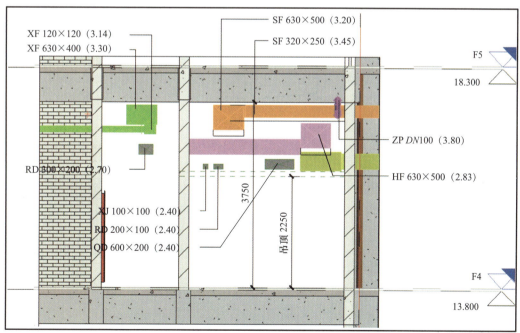

图 2.28　复杂区域走廊管综调整前后对比（剖面）

图 2.29 所示为复杂区域走廊管综调整前后三维模型对比，调整前管线无避让，调整后各专业管线分开，局部翻绕避免碰撞。

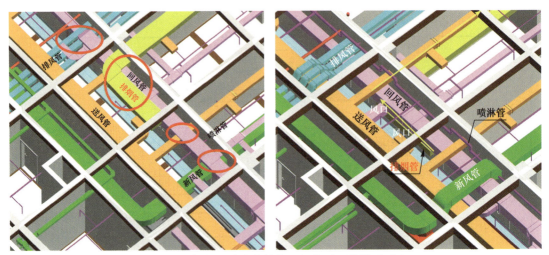

图 2.29　复杂区域走廊管综调整前后三维模型对比

2．管线二次深化排布

针对项目走廊、洞口、卷帘门、手术室等重点区域，由于管线十分密集，初排净空仍无法满足要求，还需进行二次深化排布。该项目管综难点集中在医技楼，其次为住院楼、行政后勤楼和科研教育楼，医技楼因手术室净化要求高，走廊多种工艺管线密集、烦杂，排布错乱，碰撞较多，需尝试多个方案。通过 BIM 模拟各个方案，并与现场专业分包进行论证和优化，最终确定管综排布，并依据确定方案全面深化。图 2.30 与图 2.31 所示分别为医技楼走廊管综排布的 A、B 两套方案，考虑综合支吊架安装和各分包施工便利，最后选择方案 B 进行排布。

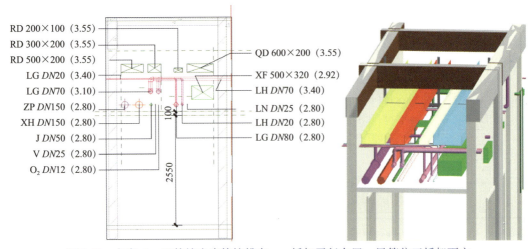

图 2.30　方案 A：医技楼走廊管综排布——桥架平行布置，风管位于桥架下方

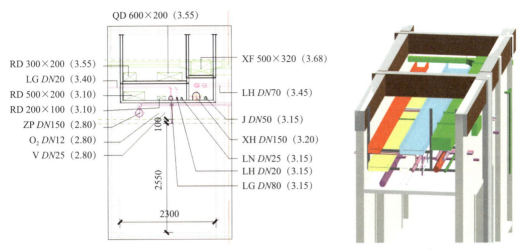

图 2.31　方案 B：医技楼走廊管综排布——风管贴梁，桥架叠两层布置

2.2.4　物流轨道优化

1. 物流轨道路径优化

该项目物流轨道尺寸较大且敷设于吊顶内，对机电管线排布有较大影响，需提前预排物流轨道的路径，与机电管道进行综合分析，查找不满足要求的区域，并提出优化建议。如图 2.32 所示，1# 住院楼 1F 物流轨道局部与结构连梁冲突，BIM 设计方建议调整物流轨道优化平面路径，避开连梁位置，如图 2.33 所示。

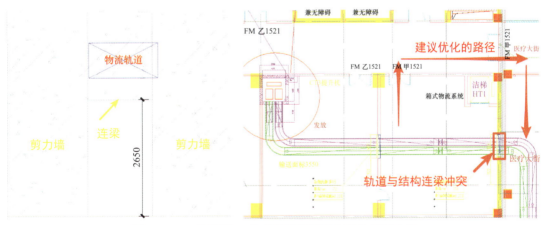

图 2.32　1# 住院楼 1F 物流轨道原路径与结构连梁冲突

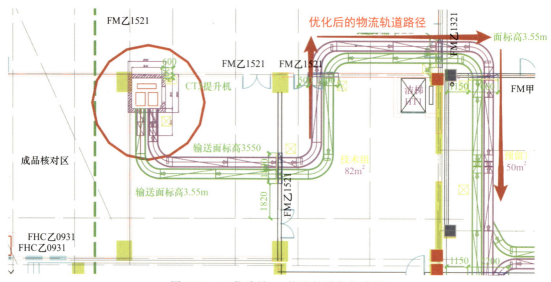

图 2.33   1# 住院楼 1F 物流轨道优化路径

2.物流轨道运输站点优化

医技楼设有药品传输的物流轨道系统，轨道尺寸为 1600mm×750mm，原运输站点竖井位于细胞制片室，如图 2.34 所示，物流轨道需通过管线密集的走廊进入细胞制片室，导致走廊处物流轨道与管线多次交叉，造成管线多处设弯，不能满足设计净高要求的 2800mm。经过 BIM 论证和优化，将运输站点竖井由细胞制片室调整到接待室内，如图 2.35 所示，物流轨道长度缩短约 24.6m，同时避免物流轨道与走道管线碰撞，满足设计净高要求。

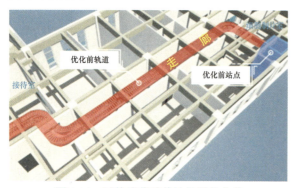

图 2.34   医技楼药品传输轨道优化前

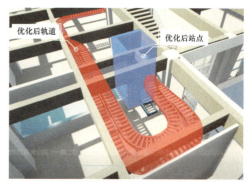

图 2.35   医技楼药品传输轨道优化后

3.物流轨道物品传输模拟

通过 BIM 模型制作物流轨道物品传输视频，模拟药品从出发站点到科室药品的接收站点；通过三维可视化的视频展示，分析物流轨道的走向和站点分布的合理性，确保物品传输过程中无障碍阻挡，传输顺畅。同时，通过三维可视化，帮助客户全面快速理解医院物流轨道高效运输药品的效果，如图 2.36 所示。

图 2.36 箱式物流轨道运输药品 BIM 模拟

2.2.5 医疗管网优化

1. 医用气体管线优化

（1）常见医用气体管线及优化要求

医技楼 4F ～ 5F 为手术室和产房，2F ～ 3F 为检验、输血和病理科，1F 为放射科，根据科室手术和检验功能需求，设计有 7 类医用管线，包括二氧化碳（CO_2）、氮气（N_2）、笑气（NO）、负压吸引（V）、压缩空气（A）、氧气（O_2）、废气（AGSS），如图 2.37 所示。由于管道内压力大，工艺要求高，施工须一次性安装到位。另外，医用气体管线工程深化设计，要求管线成排布置共用支吊架，尽量走直线少拐弯，负压系统禁止翻几字弯。

图 2.37 医用气体管道

（2）医用气体管线优化路径

医技楼 5F 的 4-3 轴交 4-W 轴，连接手术室医用气体的主管道位于走廊内，与走廊内其他机电管线交叉冲突严重，导致医用气体管道翻弯多。BIM 优化将医用气体局部主管移至手术室内，保证走廊吊顶净高要求，同时缩短管道长度约 20m，如图 2.38 所示。

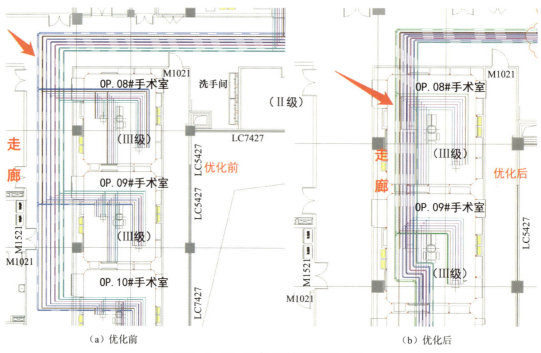

（a）优化前　　　　　　　　　（b）优化后

图 2.38　医用气体管线优化前后对比

2. 净化空调系统优化

（1）医技楼净化空调系统概况及优化难点

医技楼 2F ～ 5F 走廊设有净化空调系统净化风口，如图 2.39 所示。净化风口带高效过滤器，尺寸为 600mm×800mm，设计要求居中布置，但与走廊其他专业交叉碰撞，机电优化难度较大。

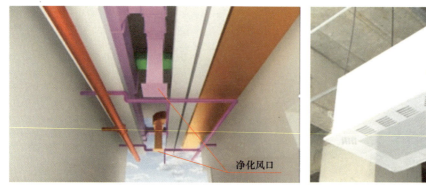

图 2.39　净化空调系统净化风口

（2）净化空调系统新风管优化

2F 南区走廊宽度 2.32m，层高 4.2m，梁底净空 3.45m。如图 2.40（a）所示，两条 500mm×400mm 的绿色新风管穿越电梯前室，不符合设计规范要求。经优化后，如图 2.40（b）所示，绿色新风管避开电梯前室，同时为确保横穿走廊时不影响走廊净空，将新风管界面尺寸由 500mm×400mm 改为 800mm×320mm，降低风管高度，并对浅黄色的排风管提前避让后再连接走廊风机设备。

（a）净化空调系统优化前　　　　　　　　　　（b）净化空调系统优化后

图 2.40　净化空调系统新风管优化前后

2.2.6　净空（高）优化

根据常规管线综合优化原则，结合医院特殊管线和空间功能要求，考虑机电安装空间和检修空间等因素，将各专业 BIM 模型整合后，通盘分析梳理，查找走廊关键断面和大空间剖面，每层选取代表性的断面进行净高分析和管综优化，以点带面逐步覆盖整栋楼，最后达到对医院所有建筑物的走廊和房间进行净空控制的目的。

◆ 案例一：手术区宽阔走廊

医技楼手术区的宽阔走廊管线密集、错综复杂，涉及水、暖、电、医用气体等各专业，共有 17 根管线，安装检修空间不足，净空低于设计要求。通过 BIM 优化，保证各专业管线安装空间，尽量采用综合支架，保证管线整齐美观，现场操作便利。图 2.41 所示为宽阔走廊管综 BIM 优化模型与现场安装对比。该走廊管线调整方案如下：

1）排烟风管贴梁，确保连接手术室支风管的房间满足净空要求。

2）利用排烟风管高度排布气体管道和桥架，充分利用空间。

3）下层消防管、喷淋管与送风管底部平齐，共用支吊架便于施工安装。

图 2.41　走廊管综 BIM 优化模型与现场安装对比（宽阔走廊）

◆案例二：手术区污物狭窄走廊

　　医技楼污物走廊空间狭窄，宽度仅为 1.6m，包括两根净化风管和电气桥架，风口安装空间紧张，净空严重不足，该区域管线调整方案如下：

　　1）桥架与空调水管、喷淋管并排贴梁走，利用柱与外墙的空间安装、检修。

　　2）下层空调送、回风管底部平齐，共用支吊架效果美观，便于安装，节省支吊架材料。

　　3）黄色的回风管水平翻弯避让紫色的送风口，确保风口安装空间，满足功能要求。

　　按以上方案进行 BIM 管线优化，管线排布紧密；采用综合支架，最低管线净高3.03m，远超出设计净高 2.60m，极大提升狭窄走廊使用的体验感，如图 2.42 所示。

图 2.42　走廊管综 BIM 优化模型与现场安装对比（狭窄走廊）

◆案例三：医技楼综合管线避让防火卷帘门

如图 2.43（a）所示，防火卷帘门顶部卷帘盒与强电、智能化、消防三道桥架碰撞，且消防管穿越防火卷帘门。经过 BIM 优化后，将桥架与消防管道通过水平翻绕至砌体墙进行穿越，避免与防火卷帘门的碰撞，同时对管线进行底部平齐排布，效果整齐美观，也满足吊顶净高要求，如图 2.43（b）所示，现场安装如图 2.43（c）所示。

（a）管综优化前　　　　　　　　（b）管综优化前后　　　　　　　　（c）现场安装

图 2.43　综合管线避让防火卷帘门

◆案例四：住院楼 6F 与 5F 功能层互换

住院楼 6F 层高 3.6m，最大结构梁高 800mm，装修面厚度 50mm，梁底净空 2.75m。走廊设计 3 道强弱电桥架、2 道风管、1 根 DN150 喷淋管、7 根暖通水管，合计 13 根管线。管线初排后走廊净高 1.95m，如图 2.44 所示，严重不满足净高和使用要求，经过对管线排布多方案论证，净空仍无法满足。

住院楼 5F 层高 4.2m，比 6F 层高多出 0.6m，梁底净空 3.35m。BIM 优化建议 5F、6F 建筑功能和机电管线调换方案。对走廊管线初排如下：排烟管、桥架、喷淋主管平行布置于上层，新风管、空调水管布置于下层，支管在桥架与绿色风管净距 0.25m 空间横穿连接两侧房间。经过 BIM 优化，吊顶净高预计 2.55m，满足净高要求，如图 2.45 所示。

经过与设计、施工等协调，确认整体方案可行，同时满足净高和功能要求，避免后期拆改，节约大量成本。

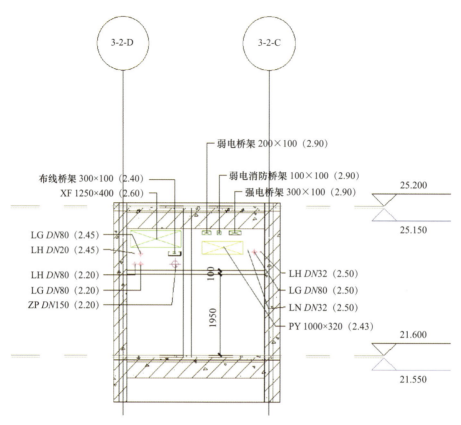

图 2.44 功能层交换前 6F 管综 BIM 优化剖面与三维图

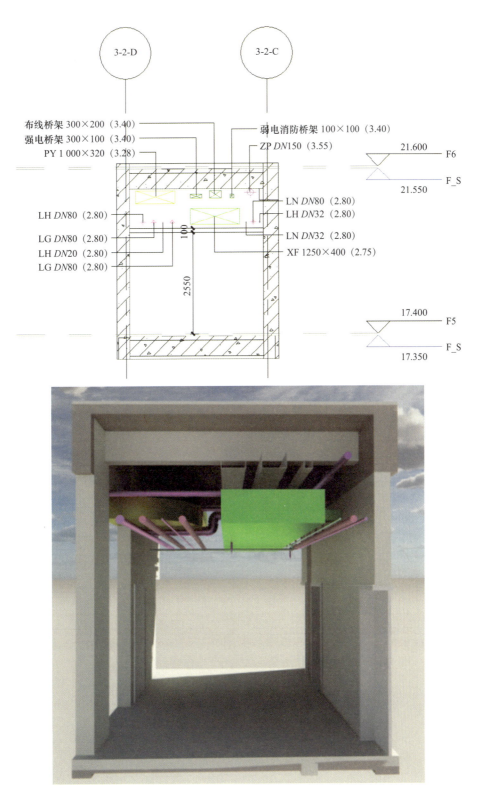

图 2.45 功能层交换后 5F 管综 BIM 优化剖面与三维图

2.2.7 管线综合出图

针对净空优化后的 BIM 模型进行关键剖面梳理，给出平面定位、立面标注和三维轴侧图，全方位展示管线优化方案和吊顶净高，指导现场作业施工。管线综合出图成果包括管线综合图纸、预留孔洞图纸和设备定位图纸等。

1. 管线综合图纸

依据管综 BIM 模型给出管线综合图纸，包括管线综合平面图、分专业平面图与管线综合剖面图。其中，管线综合平面图主要表示管线的主要走向，大体相对位置关系，如图 2.46 所示。分专业平面图详细表达管线的尺寸、位置和标高，重点对管线尺寸和标高变化标识定位，如图 2.47 所示。管线综合剖面图针对平面管线复杂密集，对该剖面管线定位和尺寸等标记，对整体管线方案和关键剖面净高综合直观展示，如图 2.48 所示。

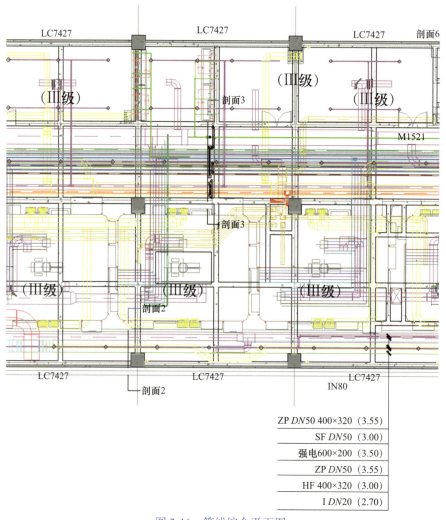

图 2.46　管线综合平面图

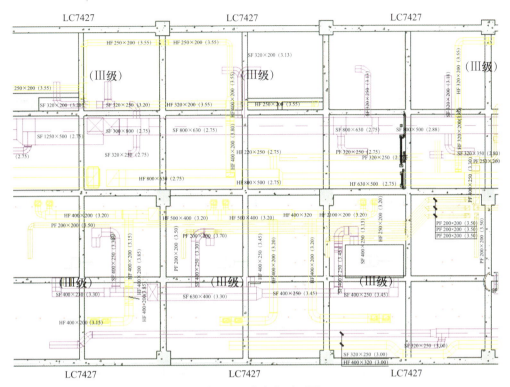

图 2.47　分专业平面图

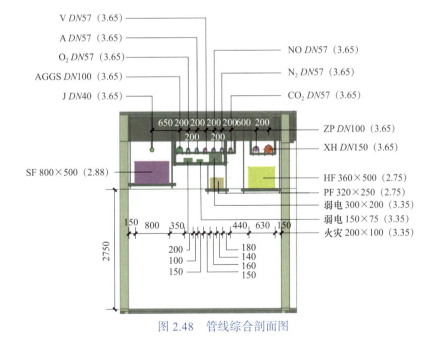

图 2.48　管线综合剖面图

2．机电预留孔洞图纸

通过在平面图标记和洞口定位，表达洞口尺寸、底标高和洞口位置，形成机电预留孔洞图，如图2.49所示。若管线初排优化，则需在结构连梁上提前预留孔洞，配合和指导现场施工，准确定位预留套管，保证管道安装位置精准，一次成型。

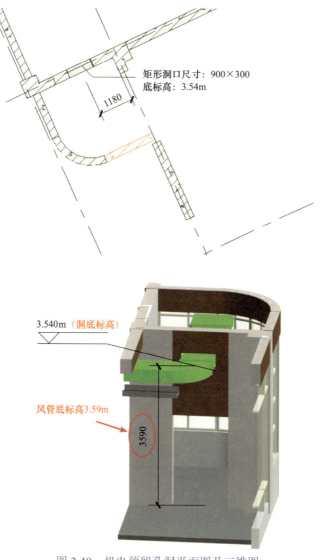

图2.49　机电预留孔洞平面图及三维图

3．屋顶冷却塔设备定位图纸

对医技楼屋顶机电管线优化，考虑后期检修通道、冷却塔设备基础等因素，需提前明确各专业管线精准的排布走向，见平、立、剖面图结合三维轴测图（图2.50），该图用于辅助现场技术交底与指导安装。

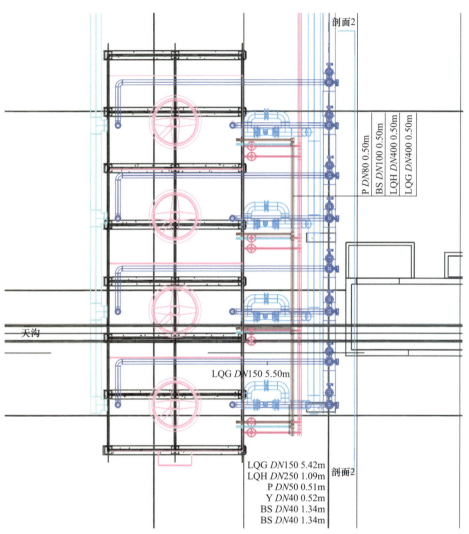

图 2.50　屋顶冷却塔平、立、剖面图和三维轴测图

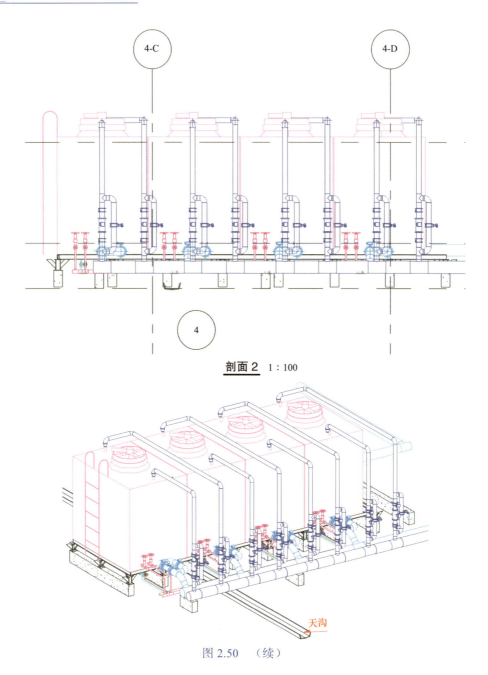

剖面 2   1 : 100

天沟

图 2.50   （续）

2.2.8   利用 BIM 平台交底

该项目机电管线复杂，机电管线安装严格依据 BIM 优化结果施工。为提高 BIM 机
电交底的效率，该项目采用 BIM 平台，通过搭载 BIM 轻量化图形引擎，导入项目管综
BIM 模型，可在平台上便捷浏览 BIM 模型的几何构造和属性信息。BIM 平台支持视点
和标注功能，通过在平台上对交底部位进行标记标注与视点保存，现场人员可直观浏览

三维管线信息，大幅提升交底效率和信息传递的准确性。

1. 轻量化模型浏览

该项目通过使用自主研发的慧航云项目协同管理平台，项目人员可随时查看模型属性等相关信息，还可以对模型进行剖切、测量、漫游等交互操作。图 2.51 和图 2.52 为所在平台上的模型浏览与模型树功能。

图 2.51　轻量化模型浏览

图 2.52　模型树功能

同时，该平台支持手机端浏览，用户可通过手机便捷浏览构件信息，并与现场实际施工情况进行对比，确保现场依据优化后的 BIM 模型施工，如图 2.53 所示。

图 2.53　构件信息（手机端）

2．场景视点管理

平台支持对 BIM 模型查看和视点保存，能够快速保存和还原交底部位所在位置、观察视角、剖切状态、文字尺寸标注内容，极大提升机电专业 BIM 技术交底的效率，如图 2.54 所示。

图 2.54　模型视点管理

3．3D 图册交底

将三维局部模型或节点大样模型上传到平台，可提供正视、左视和三维视角，以便进行现场班组技术交底，并指导现场施工，如图 2.55 所示。

图 2.55　模型 3D 图册

2.2.9　项目总结

1. BIM 应用总结

该项目聚焦医院特点的物流轨道优化、净化及医用管网优化的专项 BIM 应用，通过轻量化平台进行 BIM 优化方案现场技术交底与指导，保证施工班组全面掌握并按照 BIM 出图施工，真正将 BIM 成果落地。运用 BIM 技术优化管线，节约工期约 120 天，节约成本约 158 万。

1）解决冲突碰撞，减少返工，节约工期。通过 BIM 对管综优化，解决冲突碰撞 6450 余处，减少大量的管线返工。

2）管综优化高效，净高达到预期。该项目存在物流轨道、防火卷帘门、净化空调系统、强排烟系统、医用气体管线等碰撞，通过多专业协同，BIM 管线初排，在层高和吊顶要求高度的条件下，做到方案最优、净高紧凑合理，整体满足净高要求。

2. 效益分析

该项目经济效益分析见表 2.1。

表 2.1　项目经济效益分析表

大类	小类	情况描述	节约成本 / 万	节约工期 / 日
工期	图纸审查	通过三维模型可视化，发现并解决各专业间冲突问题和设计图面问题	25	15
	BIM 管理平台	结合 BIM 管理平台进行三维技术交底，避免安装碰撞问题	10	10

续表

大类	小类	情况描述	节约成本/万	节约工期/日
成本	医用气体优化	通过管线综合优化，确保医用气体管道顺利安装和使用功能满足要求	10	95
	净化空调系统优化	通过管线综合优化，确保暖通管道顺利安装和使用功能满足要求	50	
	物流轨道优化	通过三维模拟，优化轨道路由、点位，确保轨道顺利安装并满足使用功能	15	
	防排烟系统优化	通过管线综合优化，对防排烟路由、空间进行优化，避免碰撞翻弯	15	
	电气优化	通过各专业协调优化，确保母线、桥架、电箱的电气设备安装及楼板合理开洞	20	
	综合支吊架	管线错综复杂，采用综合支吊架，协调各专业，简化安装过程	5	
	设备优化	通过管线综合优化，确保大型设备、管线合理安装	8	
质量	净空优化	对管线综合分析排布，对走廊、医疗区、功能房净空优化		
	功能优化	充分考虑各系统使用特点和功能进行管线排布，使各系统达到最优使用效果		
合计			158	120

2.3　基于 BIM 的精装可视化指导应用

　　室内装饰的 BIM 应用是整个室内装饰工程的重要组成部分，在深化设计和装修施工过程中发挥重要作用。通过结合 BIM 技术协助室内装饰设计工作，可发现设计潜在碰撞问题，提升设计质量、减少工程隐患，同时辅助室内装修工程提升施工质量、减少变更、控制进度、降低工程实施的风险。本节依托上海某办公大楼项目开展 BIM 精装技术应用介绍。

　　该项目包括地下二层及地上 A～H 8 栋商业办公楼，总建筑面积约 20 万 m²，公共区域装修面积约 2.5 万 m²，租户区装修面积约 8 万 m²，项目效果如图 2.56 所示。

　　该项目室内公共区域装饰主要包含三个重点区域：大堂及电梯

图 2.56　项目效果图

厅，墙地面采用天然石材，吊顶采用阳极氧化铝板及不锈钢格栅；标准层走廊，墙面采用轻钢龙骨石膏板隔墙，地面采用块毯，吊顶采用喷涂铝板；卫生间，墙地面采用仿石砖，吊顶采用轻钢龙骨石膏板。

2.3.1 BIM 精装模型搭建

结合该项目提供的建筑、结构、机电、装饰等专业图纸，对各单体进行全专业 BIM 模型的创建，如图 2.57 所示。

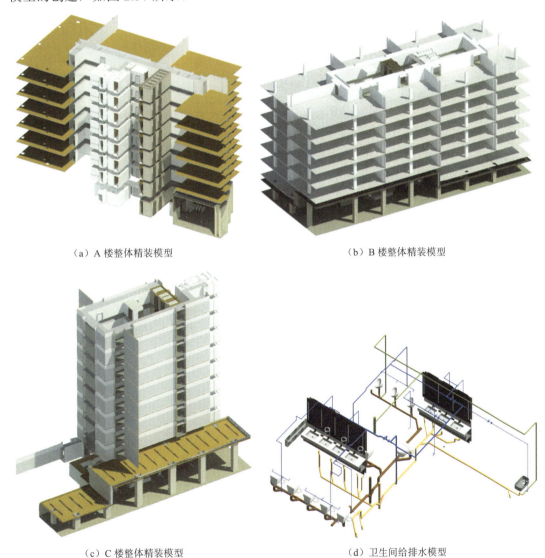

（a）A 楼整体精装模型 　　　　　　　　（b）B 楼整体精装模型

（c）C 楼整体精装模型 　　　　　　　　（d）卫生间给排水模型

图 2.57　精装模型搭建

构件模型信息除几何尺寸和定位信息外，还包括型号规格信息、材料信息等非几何信息，以满足后期运维阶段的数据传递，具体建模精度要求见表 2.2。

表 2.2　精装 BIM 建模精度要求

构件	精装模型创建精度要求
墙面装饰	墙饰面层按内装图所标示进行命名,包含饰面层、面砖排布、踢脚、墙饰条造型等,要体现交接处的细节,与天花板、地面交接处的细节
地面装饰	地面可按总厚度建模,对所有地砖部分进行排布创建。地面装饰按不同功能房间边界分开建模
门窗	根据门窗尺寸及型号创建门窗模型
天花板	天花板根据不同房间边界分开建模,包含机电末端点位及风口、检修口位置及大小
卫浴装置	常规洁具(洗手池)、常规便器(小便斗、坐便器、蹲便器)、无障碍卫浴主要尺寸、位置及管径符合设计要求
隔断	卫生间隔断(用墙建模)、玻璃隔断应体现材料、尺寸、高度等信息
机电点位	根据平面图纸信息,创建及布置项目中末端点位信息,包括墙面点位(插座、借口、指示牌等)、天花点位(照明灯具、喷淋、烟感器、检修口等)

2.3.2　图纸专项审查

　　将该工程装修 BIM 模型与建筑、结构、机电等专业 BIM 模型进行集成,开展多专业碰撞检查。图纸专项审查主要包括以下要点。

1. 装修与建筑结构专业碰撞检查

　1)房间布局,以及墙体位置与建筑、结构图纸是否一致。
　2)风管管井、水管管井、强弱电管井与建筑、结构图纸是否一致。
　3)建筑门窗的高度与室内天花吊顶高度是否冲突。

2. 装修与机电专业碰撞检查

　1)管线与天花吊顶是否存在碰撞。
　2)立管是否在装修包络之内。
　3)吊顶空间能否满足排水管路径及坡度要求。
　4)末端点位与吊顶优化图是否一致。
　5)灯具、扬声器、烟感、温感报警器是否与机电末端点位冲突。
　6)机电管线检修预留空间位置与装修图纸是否一致。

　　经核查,该项目发现精装与机电专业碰撞共 46 处,以下为管线与天花吊顶的碰撞代表性案例。

　◆ *案例一:机电管道与天花灯槽冲突*

　　以 B 楼 3F 标准层为例,TB-4 至 TB-5 交 TB-C 电梯厅处,管道与风管穿灯槽,机电管道标高未考虑灯槽，天花吊顶标高无法满足，如图 2.58 所示，此类问题共发现 12 处。经与设计协调后，机电管道与风管遇天花灯槽处均上调 200mm，保证天花吊顶标高。

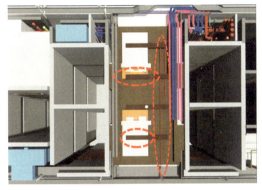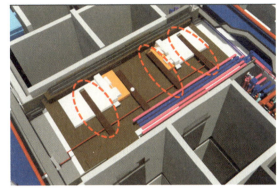

图 2.58　机电管道、风管与天花灯槽碰撞

◆ 案例二：机电管道与天花吊顶造型冲突

以 C 楼标准层电梯厅为例，机电桥架与管道天花吊顶造型存在冲突，管道位置及标高均不满足天花吊顶造型施工要求，此类问题共发现 34 处，并整理成 BIM 问题报告用于交底。经 BIM 综合优化，对机电桥架与管道进行位置调整，避免与天花吊顶造型冲突，保证天花吊顶造型施工空间，如图 2.59 所示。

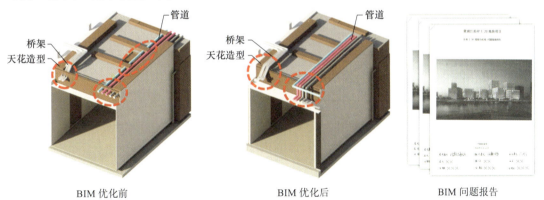

图 2.59　机电管道与天花吊顶造型冲突

2.3.3　精装土建、机电深化设计

将装修、土建、机电各个 BIM 专业模型整合，形成 Revit 完整专业模型，并在此基础上进行各专业碰撞检查，以便在施工前期找到设计图纸问题，减少设计变更与返工。同时，装饰专业的 BIM 还可运用于天花吊顶点位设计排布，更好地为后期施工提供技术支撑，以减少额外支出。图 2.60 所示为天花吊顶点位优化方案。

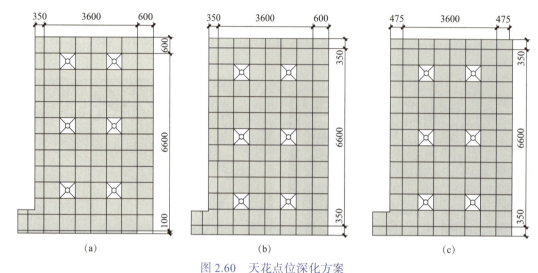

图 2.60　天花点位深化方案

2.3.4　精装墙、地砖排布深化设计

墙、地砖装饰深化设计主要因素是考察其排布合理性。排砖需要获取房间实际测量数据，铺贴方向以排版图为准，墙地砖严禁出现小于砖规格 1/3 的小块，要确保无错缝、无高低差、无缝隙、大小不一问题，以免影响整体的视觉美观性和舒适性。

图 2.61 所示为精装卫生间的墙地砖排布，将 BIM 模型与施工图进行对照，根据现场获取的数据，直观展示墙地砖的铺设方向和搭接的合理性，保证砖面铺设的美观度、整洁度。对排砖进行深化设计展示三维造型图，并出具详细的排砖图，辅助现场施工。在软件中导出用材数据，对比预算成本，发现降低了材料损耗率，提高工程整体经济效益。

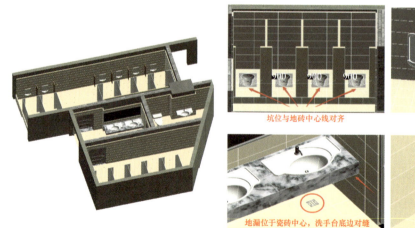

图 2.61　精装卫生间墙地砖排布

2.3.5 BIM 精装 3D 施工指导图册应用

为方便现场可视化交底，对该项目编制了重点区域和复杂区域的 BIM 精装 3D 施工指导图册，并进行分类、分册编排，起到指导现场施工的作用。

1. 重点区域 3D 施工指导图册

该项目分别对 A ～ H 楼各单体中四处重点精装修区域，包括大堂、电梯厅、卫生间、租户区走廊等位置进行 3D 施工指导图册的编制。图册内容包括平面区域范围、墙面材质展示、平面机电点位标识、综合天花图末端位置、天花机电末端选型、铺地细部节点、天花细部节点、墙面做法细部节点、特殊细部节点等，典型示例如图 2.62 ～图 2.66 所示。

2. 复杂区域 3D 施工指导图册

根据该项目施工重点及特点，选出七处重点施工复杂区域，包括防火门、防火卷帘及挡烟垂壁、自动扶梯、匝机、轿厢、服务台、玻璃护栏等，对其形状、构件尺寸信息、做法节点等重点内容进行编制成册。复杂区域 3D 施工指导图册内容包括平面点位位置、三维效果展示、构件尺寸信息标识、构件材质信息标识、铺地细部节点、天花细部节点、墙面细部节点、特殊细部节点等，典型示例如图 2.67 ～图 2.70 所示。

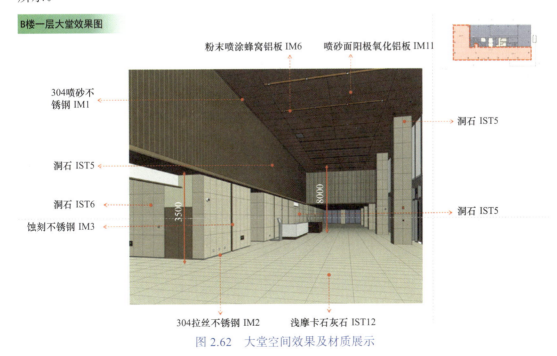

图 2.62 大堂空间效果及材质展示

B楼大堂综合天花图

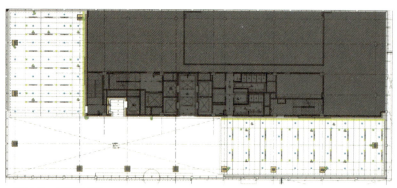

B楼大堂一层天花点位

B楼大堂二层天花点位

	灯光
	检修口
	弱电末端
	喷淋

　　根据消防规范，消防喷淋商业空间间隔3400mm，办公空间间距3600mm；喷淋间距最小1800mm；距墙最大1700mm，最小100mm。在不影响造型和遵循消防规划的前提下布置喷淋、检修口、弱电末端，且保持与灯位尽可能同一水平线或纵线

图 2.63　大堂天花机电点位平面定位图

B楼一层大堂天花细节1

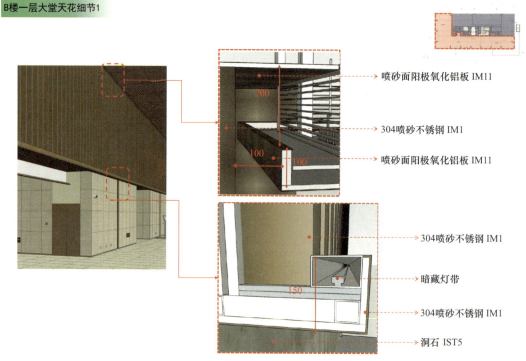

图 2.64　大堂天花做法细部节点

B楼标准层电梯厅效果图

顶面凹槽粉末喷涂蜂窝铝板 IM6

喷砂面阳极氧化铝板 IM11

IM1

粉末喷涂铝板 IM10

洞石 IST5

IM2

浅摩卡石灰石 IST12

图 2.65　电梯厅标准层空间效果及材质展示

B楼电梯厅墙面细节

喷砂面阳极氧化铝板 IM11

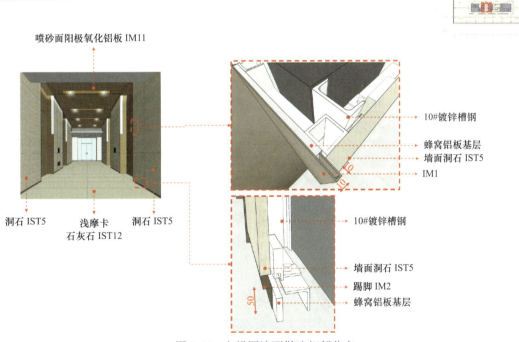

10#镀锌槽钢

蜂窝铝板基层
墙面洞石 IST5

IM1

洞石 IST5

浅摩卡
石灰石 IST12

洞石 IST5

10#镀锌槽钢

墙面洞石 IST5

踢脚 IM2

蜂窝铝板基层

图 2.66　电梯厅墙面做法细部节点

双面精装防火门立面图

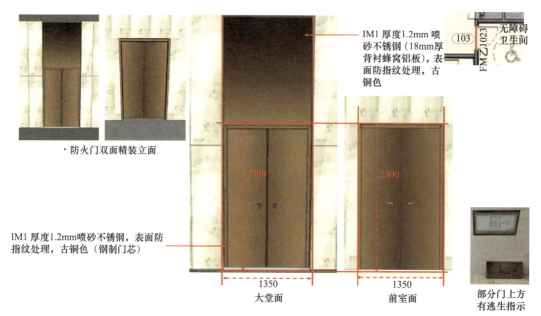

·防火门双面精装立面

IM1 厚度1.2mm喷砂不锈钢（18mm厚背衬蜂窝铝板），表面防指纹处理，古铜色

103 FMZ1023 无障碍卫生间

IM1 厚度1.2mm喷砂不锈钢，表面防指纹处理，古铜色（钢制门芯）

2300

2300

1350

1350

大堂面

前室面

部分门上方有逃生指示

图 2.67　双面精装防火门立面展示

双面精装普通门节点

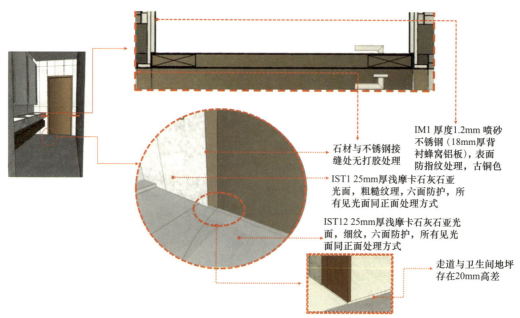

石材与不锈钢接缝处无打胶处理

IM1 厚度1.2mm 喷砂不锈钢（18mm厚背衬蜂窝铝板），表面防指纹处理，古铜色

IST1 25mm厚浅摩卡石灰石亚光面，粗糙纹理，六面防护，所有见光面同正面处理方式

IST12 25mm厚浅摩卡石灰石亚光面，细纹，六面防护，所有见光面同正面处理方式

走道与卫生间地坪存在20mm高差

图 2.68　双面精装普通门节点做法

防火卷帘

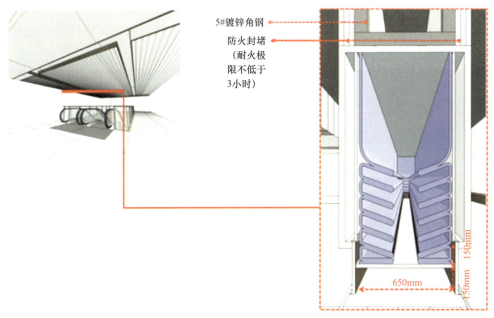

5#镀锌角钢
防火封堵
（耐火极
限不低于
3小时）

650mm
150mm
150mm

图 2.69　防火卷帘三维及剖面展示

电动挡烟垂壁

安装细节（电动挡烟垂壁放下时）

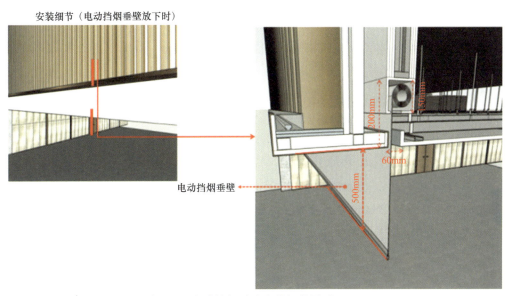

电动挡烟垂壁

200mm
60mm
500mm

图 2.70　电动挡烟垂壁安装细节展示

2.3.6 BIM 精装效果漫游

基于 Revit 数据整合模型，导入模型渲染软件进行真实效果模拟，并输出漫游视频，动态展示各房间的布局、功能及真实效果。图 2.71 和图 2.72 所示为办公楼大厅及电梯厅、租户区及走廊等区域的精装效果，可实现三维可视化，模拟真实效果，增强体验感。

图 2.71 办公楼大厅及电梯厅精装效果

图 2.72 2F 租户区及走廊精装效果

2.3.7 720°云全景效果应用

通过定点水平 360°和垂直 360°环视的效果，渲染各方位全景图，后期制作 720°全景效果，并完成多场景联动效果，然后生成二维码及链接供观览，能更加便捷的查看虚拟效果，如图 2.73 所示。

图 2.73　办公楼 720° 全景效果展示

2.3.8　VR 虚拟交互应用

以 BIM 模型相关信息数据作为基础，通过数字信息仿真模拟建筑物所具有的真实信息，利用虚拟引擎技术，实现 VR 沉浸式体验，增强场景体验感，实现实景漫游。通过工具中的 VR 交互手柄，可实现场景移动，风格替换、家具布置替换等交互应用，如图 2.74 和图 2.75 所示。

图 2.74　VR 虚拟精装样板房交互应用

◆ VR实时交互 浏览效果

客厅效果　　　　　　餐厅效果　　　　　　厨房效果

卧室效果　　　　卫生间效果（1）　　　卫生间效果（2）

图 2.75　VR 虚拟精装样板房实时渲染效果

2.3.9　项目总结

　　该项目应用 BIM 技术助力室内装饰工程的设计与施工，重点开展精装设计方案的模拟论证与施工可视化指导等应用。BIM 团队首先通过创建精装 BIM 模型，发现设计潜在的碰撞问题，并与机电、土建等专业协同深化设计方案，提升设计质量、减少工程隐患。同时制作 3D 施工指导图册，三维直观展示精装设计效果，指导现场施工，辅助室内装修工程提升施工质量、优化各工序衔接，降低工程施工的风险。此外，通过开展精装漫游、720°全景图及 VR 虚拟交互等可视化应用，让各方人员更便捷地理解方案，有利于精装方案的论证和沟通，便于提升项目的整体形象。

住宅类项目 BIM 应用案例

3.1 场地平整 BIM 设计方案优化

土方开挖设计决策受结构安全、工程造价、施工可行性等综合因素的影响。在场地地形复杂情况下，设计单位根据场地条件进行土方场地方案设计，方法比较单一，缺乏深入挖掘过程中产生地形变化、土层变化带来的方案比选的手段，影响决策的正确性。BIM 技术可通过三维核验，科学、准确地为设计团队提供方案分析优化评价数据，辅助设计决策，从而实现场地平整设计的精准、高效、直观。

本节依托福州某住宅工程项目深入开展 BIM 技术在设计方案优化中的应用研究。该项目场地南北高差较大，最大高差达 20m；周边道路均未立项，设计参照点不足；北侧杨廷水库防洪保护区范围距离红线较近，如图 3.1 所示。

图 3.1 福州某住宅工程项目地貌总览

该项目以场地平整设计流程为主线，BIM 技术应用以辅助优化当前的设计流程为出发点，提出复杂地形地质条件下 BIM 技术支持场地平整设计的路径。首先，依据前期勘测数据创建地形、地质可视化三维模型；其次，基于可视化模型辅助初步方案设计，并创建方案模型；最后，对方案模型进行土方土质成本测算与工程可行性分析，进行方案比选，提高方案决策的正确性。

3.1.1 数字化地形模型创建

地形数据是场地平整与设计最重要的数据之一，其直接影响工程成本与方案设计，同时在场地分析中具有十分重要的意义。数字化地形模型可直观、精确地表达现场地貌情况，辅助设计阶段工作。数字化模型模拟有多种表达方法，该项目采用 Revit 软件模拟地形的方法——分形几何方法，这是一种与测量数据结合紧密的直观而灵活的数据表达方法。地形三维模型依据总平面 CAD 图纸中的高程点，通过 Revit 软件自动识别生成，并可在模型上绘制建筑红线，辅助确定建筑范围，如图 3.2 所示。

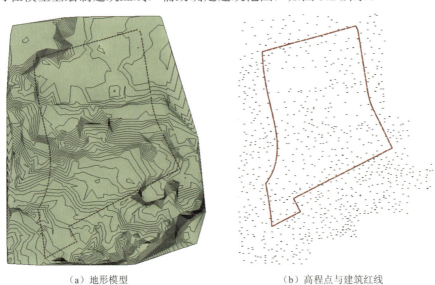

（a）地形模型　　　　　　　　　　（b）高程点与建筑红线

图 3.2　BIM 地形模型

3.1.2 数字化地质模型创建

地质数据是建筑场地基础设计分析的基础数据，地质的复杂情况直接影响工程结构安全、工程可行性，在场地平整中，直接影响施工工艺与成本。因此，对地质建模的研究具有重要的实践意义。研究发现，数字化地质模型创建分为构建地质层面与地质体建模两部分。

构建地质层面，传统的算法仅依靠专控数据、地质界线等原始数据，通过生成空间三角网格进行模拟，这种做法的地质层界面不平滑且精度较低，无法满足实际要求。因此，该项目采用样条函数空间插值算法对地质层面进行模拟，得到的数据准确、界面光滑。

地质体建模不仅是一个形状的表达，还需要包含地质数据分析计算的属性，因此该项目基于 Revit 软件自带的自适应族进行二次开发生成地质体，便于软件进行统计分析。

综上所述，研发地质土层建模软件对该项目进行地质模型创建，地质模型创建主要流程分为以下三个部分。

1. 地质数据录入与处理

项目地质数据来源于岩土工程的钻孔探测数据，数据内容包括钻孔孔位坐标、钻孔深度与土质等。钻孔一共 208 个，在建筑红线内分布如图 3.3 所示。

依据岩土工程的钻孔数据，整理钻孔孔号、坐标、孔口标高、各地质层标高。表 3.1 所示为部分孔号数据。

图 3.3　钻孔平面布置图

表 3.1　地质数据表

孔号	平面位置 /m		孔口标高 / m	各地质层标高 /m								
	X 坐标	Y 坐标		杂填土	粉质黏土	泥质中砂	卵石	残积黏性土	全风化花岗岩	砂土状强风化花岗岩	碎块状强风化花岗岩	中风化花岗岩
BK1	2892251.25	433973.618	65.49	64.99	62.19	62.19	62.19	48.29	38.99	35.69	33.59	25.19
BK10	2892204.872	434102.755	65.09	63.49	63.49	63.49	63.49	49.79	37.29	25.99	25.99	25.99
BK11	2892208.974	434121.925	65.96	64.26	64.26	64.26	64.26	47.76	34.46	24.76	24.76	24.76
BK12	2892216.54	434148.51	66.16	64.46	64.46	64.46	64.46	49.86	43.76	29.36	29.36	29.36
BK16	2892113.004	434046.899	55.39	55.39	55.39	55.39	55.39	49.39	39.19	29.09	23.89	15.59
BK17	2892123.692	434066.023	55.97	55.57	54.37	54.37	54.37	40.37	36.67	29.27	26.47	18.87
BK18	2892124.018	434088.069	55.69	55.69	55.69	55.69	55.69	43.59	38.19	24.39	23.49	14.89
BK19	2891982.104	433974.094	49.02	48.42	48.42	48.42	42.32	42.32	30.42	16.95	16.95	10.22
BK2	2892282.27	434089.646	65.97	59.77	59.77	59.77	59.77	54.07	44.57	30.27	28.77	22.52
BK20	2891983.537	433989.71	48.75	46.05	46.05	46.05	42.25	42.25	31.35	17.35	17.35	8.95
BK21	2891990.055	434004.31	49.32	49.32	47.52	47.52	43.02	43.02	37.92	18.82	18.82	10.42
BK22	2891960.121	433994.686	49.35	47.65	47.65	47.65	38.65	38.65	29.25	17.45	17.45	17.45
BK3	2892094.362	434000.75	55.72	55.72	50.02	50.02	50.02	37.92	31.52	24.57	18.62	10.52

2. 空间插值算法生成地层曲面

对各孔位相同土质的平面位置与标高通过样条曲线空间插值方法生成地层曲面，如图 3.4 所示，并以此模拟实际的地质层面。对曲面进行网格划分，输出网格点的坐标与高程。

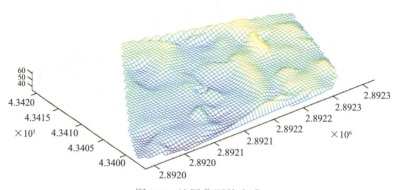

图 3.4　地层曲面的生成

3. 自主研发工具地质体建模

首先，创建自适应四棱柱模型，如图 3.5 所示；再通过二次开发的方法使四棱柱点适应网格点位坐标于同一层土质上下层的高程，并批量创建，从而生成地质体模型，如图 3.6 所示。

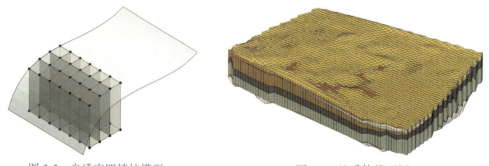

图 3.5　自适应四棱柱模型　　　　　　　图 3.6　地质体模型图

然后，对地质地形模型进行整合（图 3.7），验证地质模型与地形模型是否相互吻合。由于地质模型由软件自适应族模型创建，可直接提取图纸的土方量。

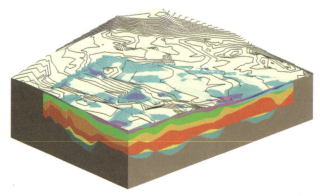

图 3.7　地质地形模型整合图

3.1.3　场地平整方案比选分析

原始场地南北最大高差 20m，北侧为挖方，南侧填方。"地下室方案设计图纸"提供了三个方案，该项目对场地平整三个方案进行土方测算与成本测算，并结合工程可行性来辅助方案决策，从而比选出最优方案。

1. 填挖土方量测算

土方测算原则为：从场地原始标高开始到地下室底板底（底板厚 300mm）的设计标高为止，开挖或回填的土方量。各方案平整区域依据方案图纸中地下室底板标高进行区域划分，区域划分情况如下。

方案一：依据地下室标高，将场地划分为 A、B、C 三个区域（图 3.8），对应标高分别为 55m、52m、58.5m；最大填方高度 6.02m。

方案二：依据地下室标高，将场地划分为 A、B、C、D 四个区域（图 3.9），对应标高分别为 60m、56m、58.5m、60m；最大填方高度 7.89m。

方案三：依据地下室标高，将场地划分为 A、B、C、D 四个区域（图 3.10），对应标高分别为 57.6m、53.8m、52.6m、57.6m；最大填方高度 4.59m。

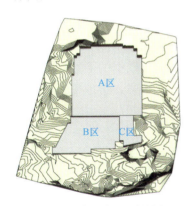  

图 3.8　方案一场地平整图　　图 3.9　方案二场地平整图　　图 3.10　方案三场地平整图

依据地形模型，创建场地平整模型，如图 3.8～图 3.10 所示，可自动统计出填挖方明细表，见表 3.2～表 3.4。

表 3.2　平整至底板底填挖方明细表（方案一）

区域（地下室）	标高 /m	填方 /m³	挖方 /m³	净填方（挖方）/m³
A 区	55	0	247003.27	−247003.27
B 区	52	3067.83	19324.57	−16256.74
C 区	58.5	8958.57	0	8958.57
总计		12026.4	266327.84	−254301.44

表 3.3　平整至底板底填挖方明细表（方案二）

区域（地下室）	标高 /m	填方 /m³	挖方 /m³	净填方（挖方）/m³
A 区	60	0	78627.39	−78627.39
B 区	56	30223.84	56158.37	−25934.53
C 区	58.5	67.78	1570.05	−1502.27
D 区	60	7987.89	0	7987.89
总计		38279.51	136355.81	−98076.3

表 3.4　平整至底板底填挖方明细表（方案三）

区域（地下室）	标高 /m	填方 /m³	挖方 /m³	净填方（挖方）/m³
A 区	57.6	0	137309.28	−137309.28
B 区	53.8	0.01	59126.87	−59126.85
C 区	52.6	6300.63	10886.21	−4585.59
D 区	57.6	1408.8	1085.5	323.30
总计		7709.45	208407.86	−98076.3

2. 挖方土质分析

在成本测算中，挖土方与挖石方施工工艺与单价不同，为提高成本测算的准确度，该项目结合地质模型进行挖方地质模拟，首先以平整场地标高地质数据的下边界整理挖方地质数据，并对平整范围钻孔，创建挖方地质模型。根据三个方案，整理各孔位的平整挖方地质数据，见表 3.5。

表 3.5　各孔位的平整挖方地质数据表

孔号	平面位置 /m		平整后标高 /m		
	X	Y	方案一	方案二	方案三
BK1	2892251.25	433973.618	55	60	57.6
BK10	2892204.872	434102.755	55	56	57.6
BK11	2892208.974	434121.925	55	60	57.6
BK12	2892216.54	434148.51	55	60	57.6
BK16	2892113.004	434046.899	55	56	53.8
BK17	2892123.692	434066.023	55	56	53.8
BK18	2892124.018	434088.069	55	56	53.8
BK19	2891982.104	433974.094	52	56	52.6
BK2	2892282.27	434089.646	55	60	57.6
BK20	2891983.537	433989.71	52	56	52.6
BK21	2891990.055	434004.31	52	56	52.6
BK22	2891960.121	433994.686	52	56	52.6
BK3	2892094.362	434000.75	52	56	53.8

地质建模插件基于上述表格数据创建开挖地质模型，并生成各方案开挖土质明细，如图 3.11～图 3.13 所示。

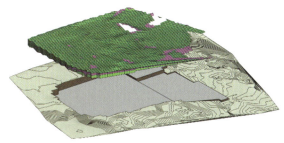

〈方案一开挖土质明细表〉		
名称	体积/m³	网格数量
全风化花岗岩	8329.18	386
卵石	985.50	132
杂植土	60878.53	2141
残积性黏土	129263.58	1507
粉质黏土	66871.06	1782

图 3.11　方案一：开挖地质模型与开挖土质明细表

〈方案二开挖土质明细表〉		
名称	体积/m³	网格数量
全风化花岗岩	1295.82	118
卵石	106.38	33
杂植土	44838.03	1610
残积性黏土	50659.73	1282
粉质黏土	39435.85	1335

图 3.12　方案二：开挖地质模型与开挖土质明细表

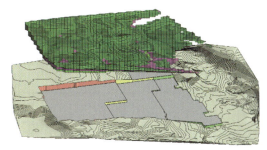

〈方案三开挖土质明细表〉		
名称	体积/m³	网格数量
全风化花岗岩	3395.12	300
卵石	187.30	75
杂植土	36817.46	2119
残积性黏土	55935.07	1552
粉质黏土	40000.86	1708

图 3.13　方案三：开挖地质模型与开挖土质明细表

3．成本测算

成本是方案分析考虑的重要因素之一。该项目基于上述填、挖方土质进行统计，其中杂植土、粉质黏土、残积性黏土以土方开挖计算，单价为 5 元 /m³；卵石、全风化花岗岩以石方开挖计算，单价为 12 元 /m³；填方不区分土、石质，均按填土计算，单价为 15 元 /m³；场外运输为需要场外填补或运出场外的土方量，以净填、挖方量为数据基础，单价为 40 元 /m³。上述单价依据《全国统一建筑装饰装修工程消耗量定额》（GYO-901—2002）。各个方案成本测算结果见表 3.6～表 3.8。

表 3.6　成本测算表（方案一）

工作名称		体积 /m³		单价 /（元 /m³）	金额 / 元
挖土方	杂植土	60878.53	257013.17	5	1285065.85
	粉质黏土	66871.06			
	残积性黏土	129263.58			
挖石方	卵石	985.50	9314.68	12	111776.16
	全风化花岗岩	8329.18			
填方		12026.40		15	180396
场外运输		254301.45		40	10172058
合计					11749269.01

表 3.7　成本测算表（方案二）

工作名称		体积 /m³		单价 /（元 /m³）	金额 / 元
挖土方	杂植土	44838.03	134933.61	5	674668.05
	粉质黏土	39435.85			
	残积性黏土	50659.73			
挖石方	卵石	106.38	1402.20	12	16826.40
	全风化花岗岩	1295.82			
填方		38279.50		15	574192.50
场外运输		98056.31		40	3922252.40
合计					5187939.80

表 3.8　成本测算表（方案三）

工作名称		体积 /m³		单价 /（元 /m³）	金额 / 元
挖土方	杂植土	36817.46	132753.39	5	663766.95
	粉质黏土	40000.86			
	残积性黏土	55935.07			
挖石方	卵石	187.3	3582.42	12	42989.04
	全风化花岗岩	3395.12			
填方		7709.40		15	115641.00
场外运输		128626.41		40	5145056.40
合计					5967453.39

3.1.4　场地方案比选优化的结论

整理上述各个方案的成本数据与填挖高度数据，进行综合比选分析，结果见表 3.9。

表 3.9　方案比选表

对比项	方案一	方案二	方案三
成本 / 万元	1175	519	597
最大填方高度 /m	6.02	7.89	4.59
综合评价	成本过高，填方高度较高	成本最优，但是填方高度过高，回填土密实度难以保证，存在沉降风险和底板开裂风险	成本适中，填土高度最低

结论：方案一造价过高；方案二成本最优，但填方高度过高，回填土方密实度难以保证，后期沉降底板开裂风险较大；方案三成本适中，且填方高度最低，工程可行性最优。综上所述，方案三为最优方案，即当前使用方案。

3.1.5　项目总结

土方开挖方案的决策受结构安全、工程造价、可施工性等综合因素的影响。通过 BIM 技术进行三维模拟，可辅助进行方案设计，并快速获取"图纸"无法准确提取的填挖数量、填挖高度、填挖土质等工程基础数据，为科学综合评价方案结构安全、工程造价、可施工性提供参考依据，具有十分重要的意义。通过该项目 BIM 在场地平整设计中的应用实践，总结如下：

1）采用 BIM 技术进行土石方核算。土石方工程量的核算往往是预算与结算计算争议的焦点。运用 BIM 建模的方法模拟地质地形，并结合开挖面模型，自动计算土石方的开挖和回填，能直观有效地进行土石方挖运分析与运算，从而做到土石方平衡计算的精确化、精细化管理，节约争议时间。

2）BIM 技术进行场地平整方案比选与优化。场地平整方案涉及场地设计标高的确定、土石方计算、调配方案优化与工程可行性数据等工作，这些工作采用传统方法需要进行大量的计算工作。利用 BIM 技术创建各场地平整方案模型，不仅可快速计算不同的场地标高对应的平整土石方量，直观展示调配方案，还可快速反映工程可行性数据，如填方高度、挖方高度、土质等信息。

3.2　基于 BIM 的地库机电专项深化应用

地库作为住宅类建筑重要的组成部分，设计中经常出现图纸错、漏、碰、缺等问题，导致管线排布杂乱，行车路线规划不通畅，净高不足。运用 BIM 技术可对地库全专业进行模型创建，重点开展 BIM 图纸审查、管线综合优化、净高分析和全专业出图。

3.2.1 项目概况

本节依托于南昌某住宅项目（电子文件通过登录 www.abook.cn 网站下载），该项目总建筑面积 20.8 万 m²，地下室建筑面积约 5.1 万 m²，地下室结构类型为框架有梁结构，地下室层高非人防区 3.6m，人防区 3.7m。

1. 项目重难点分析

1）土建建模难度大。地下室结构南高北低，最大高差近 1.0m；结构顶板和底板均为斜板，坡度范围 0.44%～0.79%，结构放坡准确性难度大；坡道、集水坑等构件建模要求高；顶板梁随斜板坡度，手动建模工作量大且不准确。

2）机电深化复杂度高。车位净高要求为 2.2m；车道净高要求保证 2.6m，最低净高 2.4m；结构梁普遍梁底净高 2.8～2.85m；车道上空斜梁多管线，翻绕较难；泵房区域管线密集，另外楼梯间设计 4 道加压送风管，项目整体管综深化调整难度大。

2. 项目 BIM 应用目标

聚焦地库图纸审查和管综深化设计，根据设计图纸创建全专业 BIM 模型，通过图纸审查和专业碰撞，提前发现设计的错、漏、碰、缺等问题，减少返工。同时，将各专业机电管线整合，开展 BIM 管综深化，在满足现场施工和安装检修要求前提下，尽量保证车道净高 2.6m 要求，管线整齐美观，保证项目质量和提升品质。

3.2.2 BIM 模型创建

1. 地库标准化族库创建

根据地库图纸，形成地库标准化族库，如图 3.14 所示。

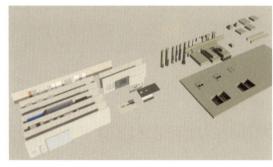 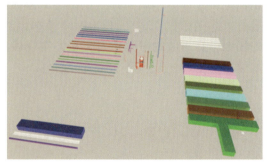

（a）地库土建标准化族库　　　　　　（a）地库机电标准化族库

图 3.14　地库标准化族库

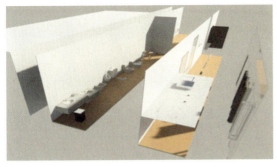

（c）地库精装标准化族库

（d）地库标识标准化族库

图 3.14　（续）

2．地库模型创建

按照建筑、结构和机电等专业图纸，运用 Revit 软件创建建筑、结构、机电全专业模型，如图 3.15 和图 3.16 所示。建模过程中，项目 BIM 团队需要对各个专业模型进行自查、互查和负责人审查，并对审查问题进行分类。审查分为一般审查与专项审查，审查结果以问题报告形式反馈给设计单位核查并记录答复。

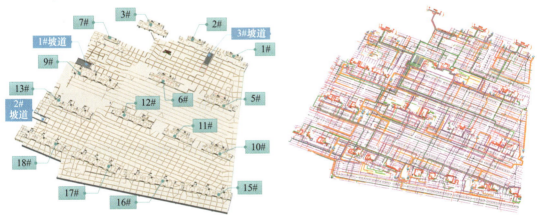

图 3.15　地库建筑、结构专业模型　　　　图 3.16　地库机电专业模型

3.2.3　一般审查

一般审查包括图面问题和不同专业间图纸冲突问题。图面问题主要是图面错漏，平、立、剖及详图不对应，构件位置尺寸错误等问题。不同专业间图纸冲突问题主要是建筑、结构、机电各个专业间的碰撞冲突问题。以下重点介绍图面问题和专业冲突问题。

1．图面问题

以图面错漏为例，图 3.17 分别展示梁未标注尺寸信息和排风管未标注尺寸。构件标高冲突如图 3.18 所示，结构梁标高不一致造成梁悬空无法搭接。

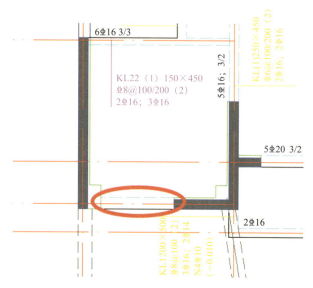

（a）梁未标注尺寸信息

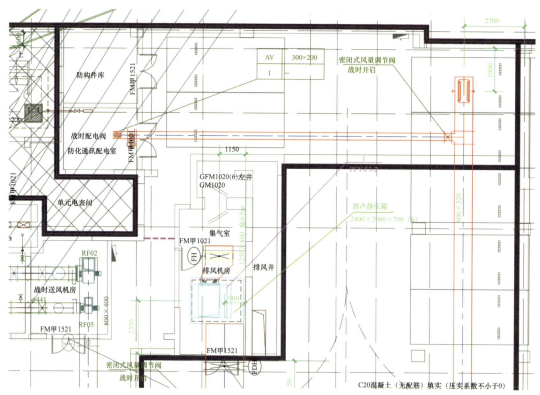

（b）排风管未标注尺寸

图 3.17　图面错漏

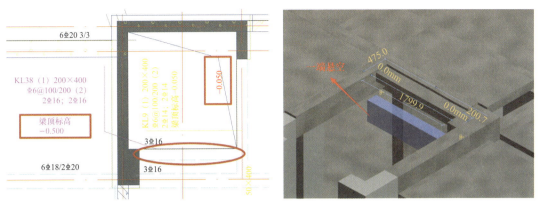

图 3.18　构件标高冲突

2. 专业冲突

各专业冲突包括建筑、结构、机电专业间的碰撞冲突，单专业较难审查，通过 BIM 多专业整合，可以快速查找并对问题定位，保证施工前有效跟踪落实。建筑与结构冲突如图 3.19 所示，图中红框内人防墙体在建筑图与结构图上的位置不一致。机电与土建冲突如图 3.20 所示，左图为风管与结构柱碰撞，右图为桥架穿人防土建且未预留套管。

（a）建筑图——人防墙体平面图（局部）

图 3.19　建筑与结构冲突

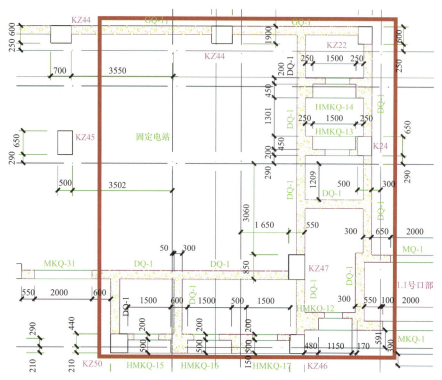

（b）结构图——人防墙体平面图（局部）

图 3.19　（续）

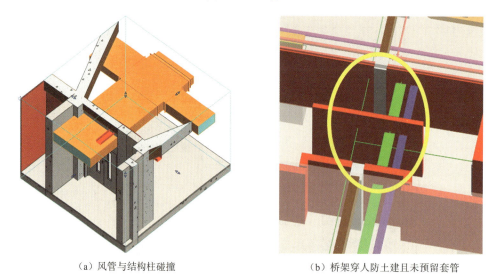

（a）风管与结构柱碰撞　　　　　　　　（b）桥架穿人防土建且未预留套管

图 3.20　机电与土建冲突

3.2.4　专项审查

专项审查与一般审查不同，专项审查重点关注建筑、结构重要构件，以及机电管井和洞口等重点部位。结合该项目特点，专项审查聚焦卷帘门和坡道两个专项。

1. 卷帘门专项

该项目地库有 18 处防火卷帘门 FJM5525，侧装卷帘盒顶高度 3.0m，存在与底标高为 2.80m 的结构梁碰撞，如图 3.21（a）所示；卷帘盒高度取 0.5m，防火卷帘盒顶与结构梁碰撞；部分侧装防火卷帘盒与机电风管位置冲突，如图 3.21（b）所示。

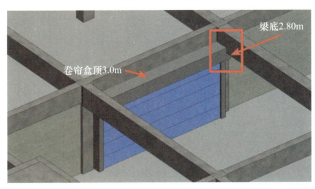
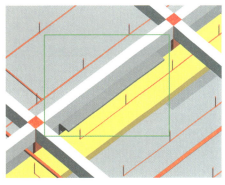

（a）侧装卷帘盒与结构梁碰撞　　　　　　　　　　（b）防火卷帘盒与机电风管碰撞

图 3.21　防火卷帘门与结构梁和机电风管冲突

经与建设单位和设计单位协商，建议卷帘盒改为中装，卷帘门型号改为 FJM5528，卷帘盒高度按 0.4m 加工，这样能保证车道净高最低 2.4m 要求，如图 3.22 所示。

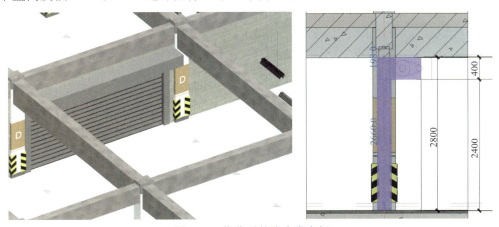

图 3.22　优化后的防火卷帘门

2. 坡道专项

该项目存在坡道出入口顶板与梁板搭接冲突，以及坡道两侧墙体缺漏问题。如图 3.23 所示，人防门 GSFM2020（5）地面高程为 16.200m，1# 坡道对应位置高程为 17.163m，存在 0.963m 的高差，不满足使用功能。

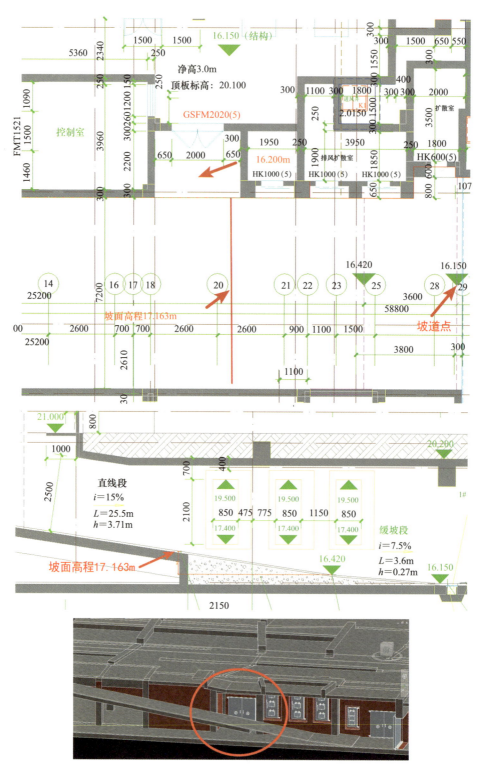

人防门与坡道高差过大，使用不便

图 3.23 人防门与坡道高程冲突

3.2.5　管综优化

管综优化一般分为两次深化设计。管线综合第一次深化设计目的是在施工安装之前统筹协调管线、洞口空间位置关系，解决管线在施工安装阶段平面走向、立体交叉方面的矛盾。针对各方确认的关键断面，考虑现场安装顺序、检修空间等因素，需进行第二次管线综合深化设计，以明确管线位置、标高和尺寸，保证各专业内平、立、剖面图，系统图，详图等图面表达一致性，解决主线路及各细部碰撞问题，现场落地实施。通过交底和指导现场施工，减少返工和加快施工进度。

1. 管线排布原则

依据有压让无压、小管让大管、支管让总管的总体原则，管道敷设顺序由上而下依次为风管、桥架（通常情况下，桥架应贴梁底或顶板敷设，特殊情况下桥架与风管可上下调换）、有坡度无压力管道、给排水等低压管道，最后安装消防喷淋管道。当然，还需结合实际的地库梁底净高和梁布局，以及施工安装、检修空间和支吊架布设因素。如图 3.24 所示，管线间以小管线避让大风管、桥架避让排风管为原则，此外电气桥架集中排布，强弱电桥架相互分开，中间预留至少 300mm 作为操作检修空间。

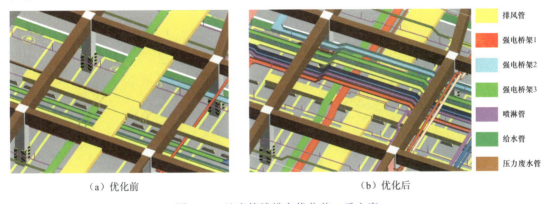

	■ 排风管
	■ 强电桥架1
	■ 强电桥架2
	■ 强电桥架3
	■ 喷淋管
	■ 给水管
	■ 压力废水管

（a）优化前　　　　　　　　　　　　　（b）优化后

图 3.24　地库管线排布优化前、后方案

2. 主管线排布优化

根据主管线优先的原则，先进行主管线的排布。如图 3.25 所示，地库管线调整前，电气桥架与结构斜梁交叉，地库行车位梁板下无法利用梁窝穿越，故将桥架调整至行车道之上布置，保证管线美观并达到净高要求。

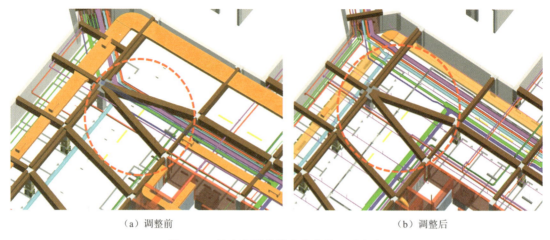

（a）调整前　　　　　　　　　　　　（b）调整后

图 3.25　地库主管线排布优化前、后方案

3．人防门管线优化

地库人防门区域管线排布密集，导致大量管线穿过剪力墙，需提前预留套管。图 3.26（a）所示为敞开状态人防门与管线碰撞，影响功能使用；图 3.26（b）为优化后的管线路径，按桥架在水管之上的原则，避让人防门。

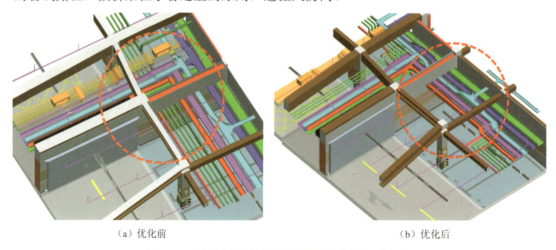

（a）优化前　　　　　　　　　　　　（b）优化后

图 3.26　地库人防门区域管线排布优化前、后方案

4．防火卷帘门附近管线优化

从图 3.27（a）可以看出，行车道加压送风管贴梁底 2.40m，不满足净高 2.60m 的要求且与防火卷帘盒碰撞；图 3.27（b）为优化后方案，2 处沿梁上翻 0.30m，风管贴底梁布置，净高 2.65m，满足净高要求，同时卷帘盒调整至右侧。

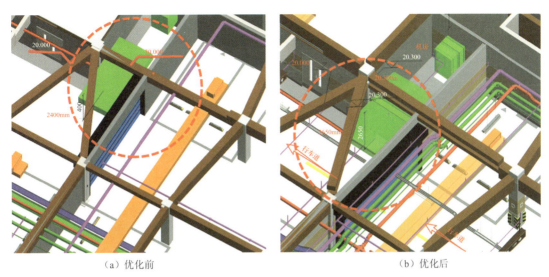

（a）优化前　　　　　　　　　　　　　　　　（b）优化后

图 3.27　防火卷帘门附近管线排布优化前、后方案

3.2.6　净高分析

将地库各专业模型整合后，查找走廊关键断面和地库关键剖面，通过对坡道、车道、车位、入户大堂等重点区域净高复核，出具净高分析示意图和净高分析表，达到事前控制地库净高的目的。

1. 土建和机电净高分析

对整个地下室进行梁下有效净高分析，提前发现净高不足区域，为管线优化提供基础数据。土建净高分析图如图 3.28 所示。

管综优化后对净高复核和验证，整体满足规范车道净高 2.40m、车位净高 2.20m 要求，但局部不满足建设单位要求的车道 2.60m、车位 2.40m 的净高要求，经过与设计单位和建设单位沟通，确定仍为最优方案。机电净高分析图如图 3.29 所示。

2. 地库净高验证

针对地库的行车道、车位关键区域，通过创建剖面校核管线最低净高，验证地库管线净高是否符合车位 2.20m，车道 2.40m 的规范要求。

（1）车道区域

如图 3.30 所示，梁底净高为 2.85m，由于车位区域空间紧张导致管线无法合理排布，需将 6 根桥架从车位上方移至车道上方，按照管线贴梁底排布原则，最低的排风管净高为 2.504m，满足车道净高 2.40m 要求。

（2）车位区域

如图 3.31 所示，梁底净高 2.90m，车位区域有 6 根水管、风管和桥架。为减少水管支管翻弯，将水管在梁底成排布置，风管排布于水管下侧，最低的排风管净高为 2.30m，满足车位净高 2.20m 要求。

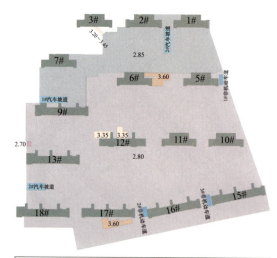

×××项目地下室-土建梁下净高色卡		
颜色	标高/m	备注
	2.70	净高偏低
	2.80	净高较高
	2.85	
	3.20~3.45	变电所和配电间
	3.60	变电所
	—	坡道、非机动车坡道
	—	单体

图 3.28　土建净高分析图

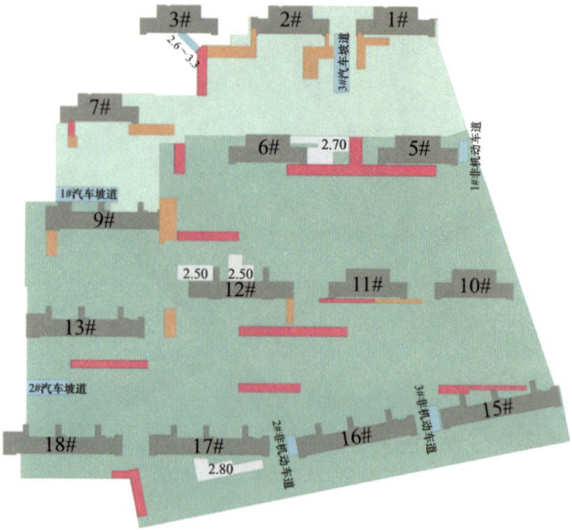

×××项目地下室-机电梁下净高色卡		
颜色	标高/m	备注
	2.20~2.25	汽车坡道下侧
	2.30~2.40	净高偏低
	车位2.40、车道2.60	人防管线
		非人防管线
	2.50~2.80	配电房、变电所
	—	坡道和通道
	—	单体

图 3.29　机电净高分析图

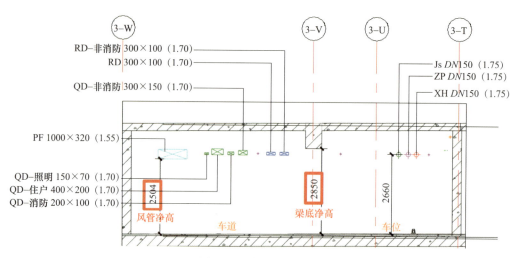

图 3.30　车道净高分析

图 3.30　（续）

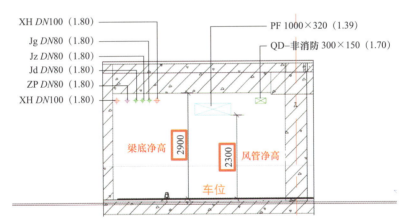

XH *DN*100（1.80）

Jg *DN*80（1.80）

Jz *DN*80（1.80）

Jd *DN*80（1.80）

ZP *DN*80（1.80）

XH *DN*100（1.80）

PF 1000×320（1.39）

QD–非消防 300×150（1.70）

梁底净高　2900

2300　风管净高

车位

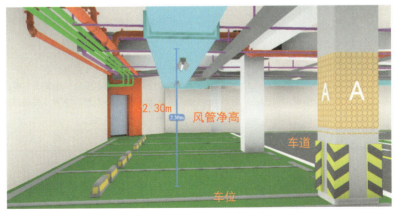

2.30m　风管净高

车道

车位

图 3.31　车位净高分析

3.2.7 机电全专业出图

机电全专业出图，图纸包括暖通、给排水、电气各专业图，同时包括管线综合平面图、剖面图等，部分图纸及组成见表 3.10。对应的 BIM 深化图纸样式如图 3.32 和图 3.33 所示。

表 3.10　BIM 机电管线出图一览表

序号	专业	图纸分类	组成部分
1	—	设计说明和目录	1. 设计说明：管线优化目的、管综排布方案、调整原则、管线色卡和图例、管线标识说明等； 2. 目录：各专业的图纸名称、图号
2	暖通	暖通（风）平面图	1. 风管、管件、附件及机械设备； 2. 管道的类型、尺寸、标高及定位尺寸标识； 3. 机械设备及附件位置、类型及安装高度； 4. 图例及说明
		暖通（水）平面图	1. 管道、管件、附件及机械设备； 2. 管道的类型、尺寸、标高及定位尺寸标识； 3. 图例及说明
3	给排水	消防平面图	1. 管道、管件、附件及机械设备； 2. 管道的类型、尺寸、标高及定位尺寸标识； 3. 图例及说明
		喷淋平面图	
		给水、污废水、雨水平面图	
4	电气	强电桥架平面图	1. 桥架及配件； 2. 桥架的类型、尺寸、标高及定位尺寸标识； 3. 图例及说明
		弱电桥架平面图	
5	管线综合	管综平面图	1. 管道、管件、附件及机械设备； 2. 机电管线的类型、尺寸、标高及定位尺寸； 3. 机械设备及附件类型、位置及安装高度； 4. 图例及说明
		走廊剖面图	1. 管道、管件、附件及机械设备； 2. 机电管线的类型、尺寸、标高及定位尺寸； 3. 机械设备及附件类型、位置及安装高度； 4. 图例及说明； 5. 墙、梁、板、柱、门窗、洞口、轴网和标注

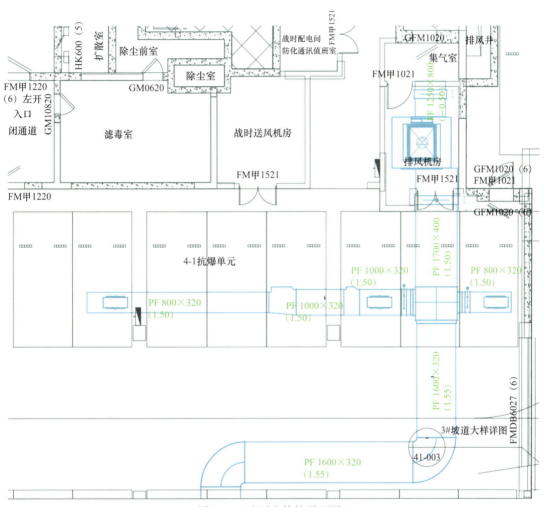

图 3.32　地下室管综平面图

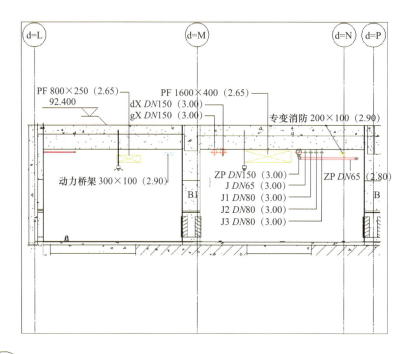

○11 剖面11 车道、车位-防火分区7-2
1：100

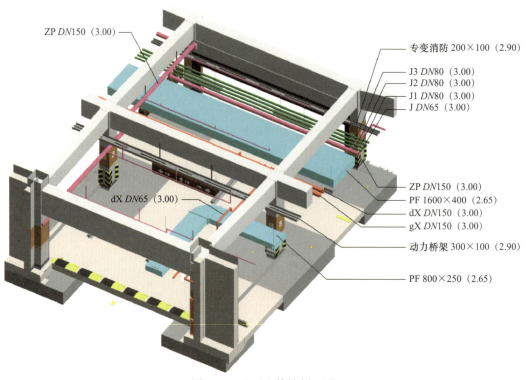

图 3.33　地下室管综剖面图

3.2.8　地库项目可视化仿真漫游与核查

相比地上单体，住宅地下室存在相对密闭、机电管线密集、泵房管线集中等特点。通过对项目可视化漫游，可提前模拟车辆通行和人员行走。地库项目漫游重点针对车道、单体入口以及机电管线复杂区域，检查整体管线排布、净高和行车流线，以及走廊管线净高是否满足要求，如图 3.34 所示。

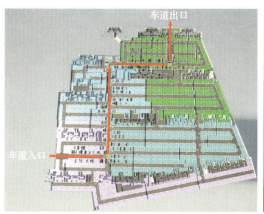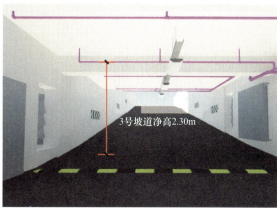

图 3.34　地库项目漫游路径和坡道入口、出口三维图

3.2.9　BIM 建模应用

1. 地库斜板建模

针对项目所处环境具有山地、斜坡、有高低差地形的特点，为减少土方开挖，合理利用地形，住宅地库常设计为局部放坡，因此地下室顶、底板有坡度，结构梁随坡，如图 3.35 所示。针对此类型项目，对土建、机电模型创建和管线深化调整均存在较大难度，故采用定制的智能建模插件，提高建模精度和效率。

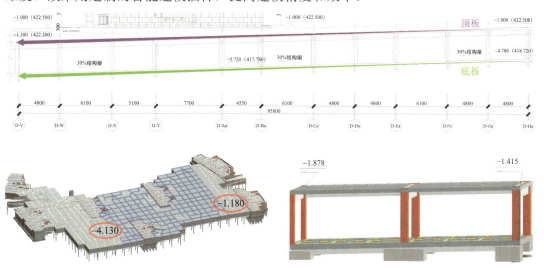

图 3.35　住宅地库剖面图、三维图和局部斜坡三维图

2. HuiBIM 智能建模插件

由于工期紧张，该项目采用自主开发的 HuiBIM 智能建模插件进行建筑、结构、机电的建模，并针对斜坡梁结构进行批量建模，极大地提高了工作效率。

（1）HuiBIM 土建智能建模插件

HuiBIM 土建智能建模插件主要用于建筑、结构模型的创建，包括桩基、承台、柱、墙、板、梁等功能工具，如图 3.36 所示。该插件建模准确率高达 90% 以上，只需简单手动修改和复核即完成模型创建。

图 3.36　土建智能建模插件功能

（2）HuiBIM 机电智能建模插件

HuiBIM 机电智能建模插件主要用于机电建模、管综调整等工作中，包括喷淋、风管、桥架等专业基础模型的翻模、管道避让、管道连接等系列管综调整工具以及自动化标注出图等 20 余项功能工具，如图 3.37 所示。

图 3.37　机电建模插件功能

（3）斜坡管综出图

根据项目地库结构斜坡特点，斜坡管道存在一定的坡度，基于目前软件难以在平面表示斜坡管线标高。故需另提出可行的解决方案，即通过查找底板斜坡顶或顶板斜坡底，计算管线的垂直距离（安装高度），通过标记或文字注释的形式，在 Revit 平面标记并导出 CAD 文件。最终，在短时间内快速完成，达到预期出图要求，提高出图的效率，如图 3.38 所示。

3. 图纸审查报告协同平台

为提高图纸问题报告快速记录、分类与汇总，该项目引入图纸审查报告协同平台，支持用户在建模软件上快速记录内容，包括提交人、提交时间、问题分类、专业、描述、截图、绑定模型等内容，如图 3.39 所示。

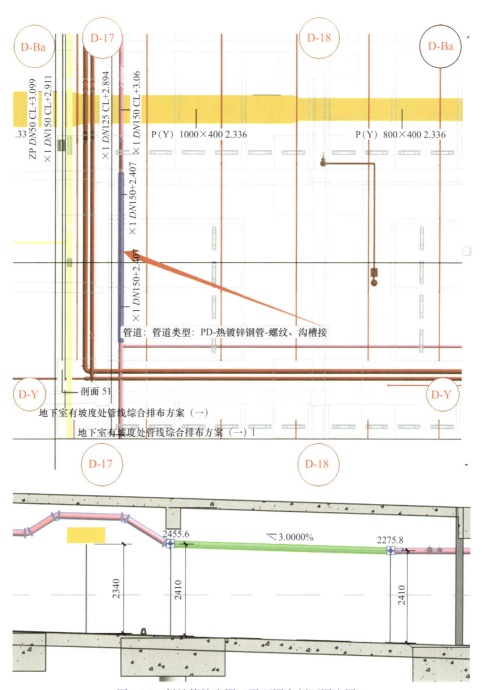

图 3.38　斜坡管综出图（平面图和剖面图出图）

图 3.39　问题记录界面

3.2.10　项目总结

1. 应用总结

该项目 BIM 应用涵盖图纸审查、净空分析与深化出图、重点区域仿真漫游等内容。通过一般审查和专项审查,减少图纸错、漏、碰、缺。通过管线综合深化设计,保证净高要求和管线排布规整美观、节约成本、保证工期。

1) 管线综合深化。通过全面深化,查找 574 处碰撞,围绕车道净高 2.60m,车位净高 2.20m 要求,采取尽量避开斜梁,调整平面路径、公用支吊架,减少管线翻弯措施;通过多轮次与设计、机电管理人员和现场人员沟通协商,完成现场可落地安装前提,净高均达到要求。

2) 车道净高。近 27 处车道斜梁风管与水管交叉,梁底净高 2.80m。车道净高尽量保证 2.60m,总体存在 32 处净高不足。通过与设计人员优化风管布置,减小风管高度,最终 22 处达到 2.60m,10 处满足业主可接受的规范要求 2.40m。

3) 单体净高。15 个单体局部走廊靠近变电所、泵房,以及单体楼梯 4 道加压送风管密集;单体与地下室顶板高低跨区域,管线调整难度高,标高变化近 1.00m;管线翻弯幅度大,通过优化,保证单体合用前室、电梯厅净高达到 2.60m 以上要求。

4) 卷帘门。全面核查 23 处卷帘门,保证其通道净高 2.40m;非人防区 18 处卷帘门由 FJM5525 优化为 FJM5528;人防区 5 处侧装卷帘盒与梁碰撞,通过优化,减少了卷帘门返工拆改、重新定做等问题。

2．经济效益分析

本项目经济效益分析表见表 3.11

表 3.11　项目经济效益分析表

大类	小类	情况描述	减少直接成本／万	减少工期／日	质量和品质
图纸审查	图面审查	64 处问题，包括机电与土建碰撞问题，缺少节点大样图、基础标高等图面问题	9.7	7	减少返工、变更和拆改
	车位专项	5 处车位有误，使得车道宽度不符规范，4 个车位影响使用和销售	15	6	保障车位的使用和销售
	集水坑专项	3 处立管穿梁，集水坑位置冲突	0.2	1	减少返工、变更和拆改
	防火卷帘专项	人防区有 5 处侧装卷帘盒与梁碰撞，非人防区有 18 处卷帘盒由 2.5m 调整为 2.8m	7.9	3	减少返工、变更和拆改
管综优化	管综优化专项	机电管线深化，解决 574 处管线碰撞，集中车库、单体和泵房区域，减少返工和拆改	12.8	10	减少返工、变更和拆改
项目合计			45.6	27	

第4章 市政类项目 BIM 应用案例

4.1　污水处理厂项目施工 BIM 应用

本节依托于南昌市某污水处理厂项目开展 BIM 技术在设计优化中的应用。该项目建设规模为 20 万 m³/d，是江西省首例生态式、全封闭、半地下式污水处理厂项目，总服务面积约 138km²，总服务人口 177 万，效果图如图 4.1 所示。项目主体结构为半地下室箱体结构，采用"AAO 生物反应池＋高效沉淀池＋过滤器＋紫外线消毒"新型污水处理工艺，建设内容包括粗格栅及进水泵房、细格栅及曝气沉砂池、A/A/O 生物反应池、二次沉淀池（简称二沉池）、中间提升泵房及高效沉淀池、过滤池、紫外线消毒池及回用水泵房、储泥池及污泥脱水机房、鼓风机房、加药间等 18 个单体。项目建成后对于削减污染负荷、消除黑臭水体、改善赣江水质、提高生态环境质量，保护区域水环境具有重要作用。项目实施重难点如下：

图 4.1　项目鸟瞰效果图

1）箱体结构烦杂。该项目为半地下箱体结构，结合污水处理工艺，结构构造错综复杂。图 4.2 所示为二沉池局部节点模型，其具有 20 多种标高，若采用传统二维图纸展示沟通，极易出现标高、构造理解偏差，造成返工。

2）工艺管线烦杂。污水处理系统涉及加药管、放空管、污泥管、滤液管、排泥管、除臭风管等 28 类工艺管线，管线繁杂，而结构的复杂性对管线精细化优化和洞口精准预留提出更高要求。

3）设备安装困难。该项目涉及转盘式过滤器（图 4.3）、板框等多个大型设备，设备尺寸大、数量多，设备运输和安装空间较为紧张。

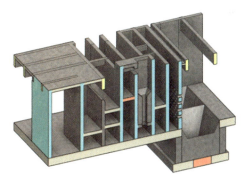

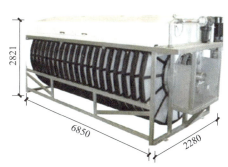

图 4.2　二沉池局部 BIM 模型　　　　　图 4.3　转盘式过滤器

4）项目工期紧张。该项目工程为重大民生工程，工期为 1 年，同规模项目施工周期一般 2 ～ 3 年，工期紧张。合理划分项目任务、协调各专业交叉作业、减少现场返工是确保项目进度的重点工作。

本章将阐述施工建造过程中应用 BIM 技术解决上述难点的方法，重点介绍图纸审查、工艺管线及设备图纸深化、模型精细化交底及 BIM 协同管理平台应用等，以期减少设计变更与现场返工，合理规划作业顺序、指导现场施工，达到减少工期、提升质量、为项目增值的效果。

4.1.1　BIM 模型创建

模型创建是 BIM 应用的基础，建模前需制定统一的项目样板，确定项目基点、单位、模型颜色方案，确保模型的一致性。项目 BIM 技术团队根据设计单位提交的建筑、结构和机电施工图纸（图纸文件通过登录 www.abook.cn 网站下载），运用 Revit 等建模软件进行模型创建，项目半地下污水处理厂部分建模截图如图 4.4 ～图 4.7 所示。

图 4.4　生化池结构模型　　　　　　图 4.5　生化池三维剖切图

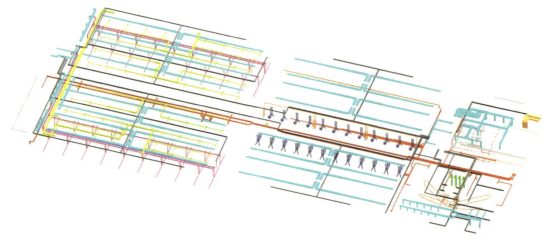

图 4.6　污水厂机电管线整合模型

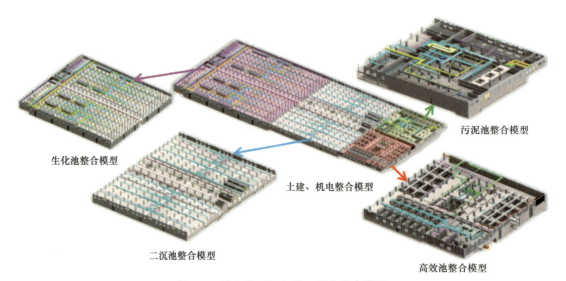

污泥池整合模型

生化池整合模型

土建、机电整合模型

二沉池整合模型

高效池整合模型

图 4.7　污水处理厂土建、机电整合模型

4.1.2　图纸审查

图纸审查是项目施工 BIM 应用的首要环节。在建模过程中，项目 BIM 技术团队对各专业模型进行自查、互查和组长核查，将发现的专业内部、专业间的图纸问题整理为 BIM 图纸审查报告。完成模型创建后，进行全面专项审查，发现包括建筑、结构、机电等专业内部和专业间的图纸问题，以及机电管线间的碰撞问题。BIM 实施人员通过收集、汇总成报告的形式发给业主方，并通过对问题的分析，适时组织 BIM 协调会，提出可行的解决方案，促使问题有效沟通，并对问题进行跟踪，保证提前解决。

该项目图纸问题分类见表 4.1，分为专项问题、碰撞问题和图面问题三大类。

表 4.1　项目图纸问题分类

大类	大类描述	小类	小类描述
I	专项问题	A	净高严重不足，影响设计方案
		B	设备运输和检修使用空间不足
		C	建筑空间布局不合理
II	碰撞问题	A	建筑与结构的碰撞
		B	机电与土建的碰撞
		C	机电各专业碰撞
		D	市政管网与主体碰撞
		E	精装、幕墙与土建或机电的碰撞
III	图面问题	A	图面错漏、标注不明等问题
		B	平、立、剖及详图不对应问题
		C	图纸缺失问题
		D	设计说明与分项图纸不对应问题、专业间图纸冲突问题

　　本次问题报告总计核查图纸问题 144 处，其中图面问题与碰撞等常规问题分别为 22 处、73 处，专项问题 49 处。常规问题分类统计如图 4.8 所示，专项问题分类统计如图 4.9 所示。专项问题根据项目自身特点，分为标高、预留预埋及工艺管线专业与土建碰撞三大专项，其中标高类专项问题 16 处，结构预留预埋专项问题 13 处，工艺管线碰撞问题 20 处。工艺管线碰撞问题通过后期管综优化 13 处，修改设计 7 处。

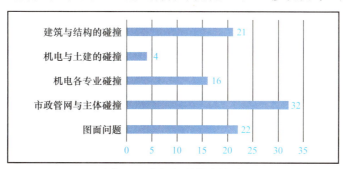

图 4.8　常规问题分类统计

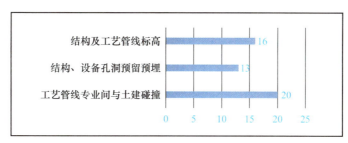

图 4.9　专项问题分类统计

◆ 案例一：工艺管线标高问题

案例背景：生化池部分构筑物存在工艺管外露现象，污水无法排入指定区域，如图 4.10（a）所示。

解决方案：考虑到工艺管受水流高程影响，故调整构筑物结构楼板标高，隔油池顶板标高增加 600mm，如图 4.10（b）所示。

效益价值：类似管道穿结构板面层、管道预埋位于结构柱内等问题发现 27 处，节省后期结构拆改费用约 2.3 万元。

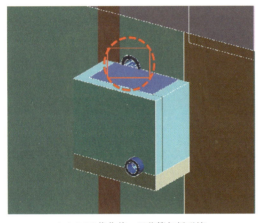

（a）BIM 优化前：工艺管与板碰撞　　　　　（b）BIM 优化后：隔油池顶板抬高

图 4.10　标高引起的预埋管与板碰撞

◆ 案例二：设备预留孔位与结构梁碰撞

案例背景：紫外线消毒池中的深井泵基础设备预留孔贯穿结构梁，洞口预留不合理，设备无法安装，如图 4.11（a）所示。

解决方案：设备预留孔下移 400mm，避开结构梁，如图 4.11（b）所示。

效益价值：此类问题共发现 25 处，节约了后期开孔的人工成本、材料浪费，并保证设备安装依次到位。合计节约费用 1.1 万元。

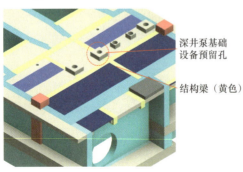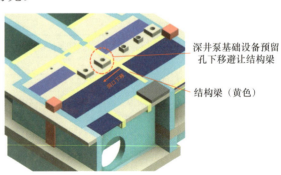

（a）BIM 优化前：预留孔在结构梁上　　　　　（b）BIM 优化后：预留孔避开结构梁

图 4.11　设备预留孔与结构梁碰撞

◆案例三：机电预留洞口与窗碰撞

案例背景：暖通风机预留洞口直径 770mm，中心标高 22.3m，窗高 1.2m，贴梁底安装。窗底标高 22.5m，洞口与窗台底碰撞，如图 4.12（a）所示。

解决方案：通过与施工、设计单位沟通后，洞口南移，靠柱边开洞，避开窗扇位置，如图 4.12（b）所示。

效益价值：在满足功能使用及安装要求条件下，保证外立面装饰效果，避免后期开孔，节约人工、材料、工期。类似问题共 12 处，可节约费用 0.54 万元。

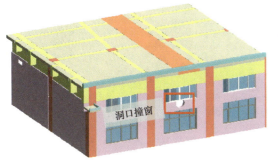 

（a）优化前：暖通风机预留洞口与窗台底碰撞　　　　（b）优化后：同侧风机预留洞口南移避让

图 4.12　机电预留洞口与窗碰撞

◆案例四：结构梁碰撞

案例背景：污泥池南侧结构梁高 1.3m，梁底部净高 23.7m，建筑图纸显示窗 C2412 顶部高 24m，导致窗与结构梁碰撞，如图 4.13（a）所示。

解决方案：建筑窗高度统一下移 300mm，避让结构梁，如图 4.13（b）所示。

效益价值：考虑整个建筑南立面的装饰效果，将整个箱体南侧全部窗高度降低，保证窗户正常开启，预计可节约拆改费用 1.6 万元。

（a）优化前：窗与结构梁碰撞　　　　　　（b）优化后：窗正常开启，保证外立面效果

图 4.13　窗与结构梁碰撞

◆案例五：检修安装类碰撞

案例背景：该项目半地下箱体结构类似地下构筑物工程，存在疏水管径大，需攀爬或绕行，通行检修不便，如图 4.14（a）所示。

解决方案：考虑运维检修便利，增设跨越大管径钢梯，如图 4.14（b）所示。

效益价值：增加钢楼梯综合费用，但满足方便人员检修，可少绕行，减少安全风险。

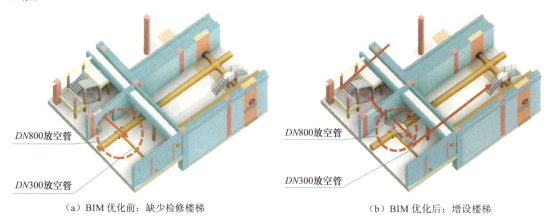

（a）BIM 优化前：缺少检修楼梯　　　　　　　　（b）BIM 优化后：增设楼梯

图 4.14　检修安装类碰撞

4.1.3　管线综合系统及净空优化应用

深化设计是保证 BIM 施工应用的关键闭环，本项目管线综合系统在 BIM 实施过程中须对工艺管线进行优化，避免各类管线碰撞，完善使用功能，提升整体净空，具体分类如下。

1. 工艺管线碰撞

该项目管线种类多达 28 类，且排布复杂。污泥脱水机房、高效沉淀池 2 个池体设备工艺管线最密集，碰撞较多。对 15 个区域管线进行重点深化，减少管理沟通和现场拆改费用约 9.1 万元。

◆案例一：排泥管与放空管碰撞

案例背景：二沉池中间管廊区，竖向工艺排泥管与水平重力放空管交叉碰撞，导致后期工艺管线无法安装，如图 4.15（a）所示。

解决方案：水平放空管由平均间距 600mm 调整为左一与左二间距 950mm，其他依次顺移，间距不变，优化后如图 4.15（b）所示，现场实景图如图 4.15（c）所示。

效益价值：在管道安装前将问题解决，减少后期设备、直埋墙管拆改费用约 6.7 万元。

（a）优化前：排泥管与放空管碰撞　　　（b）优化后：工艺管零碰撞　　　（c）现场实景图

图 4.15　工艺管线碰撞

◆ 案例二：土建与工艺管线碰撞

案例背景：生化池鼓风机房空气管出现管道穿越配电间、排风井等违反强规现象，如图 4.16（a）所示。

解决方案：空气管东移 1200mm，避开排风井，如图 4.16（b）所示。

效益价值：排风井内管道影响风井通风量和风速，不能满足设计要求，且部分排风井温度较高易导致管道变形，存在安全隐患，经优化，可节省约拆改费用约 0.3 万元。

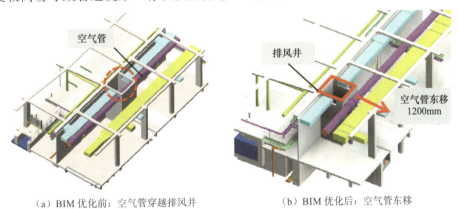

（a）BIM 优化前：空气管穿越排风井　　　　　（b）BIM 优化后：空气管东移

图 4.16　鼓风机房空气管排布优化前后

2. 功能使用碰撞

该项目多处管线垂直穿越水渠，不能满足后期通行、检修功能要求。深化原则是保证污水处理工艺水渠流水功能顺畅，重点优化管线路径和标高，避免后期返工，节约费用约 3.8 万元。

◆ 案例三：管线与水渠碰撞

案例背景：二沉池区域新风管、自控桥架、压力放空管贯穿高效沉淀池进水渠，导致二沉池出水渠不能正常使用，污水处理至此阶段不能正常运转，如图 4.17（a）所示。

解决方案：新风管、自控桥架、压力放空管下翻至高效池进水渠底部，避让高效池进水渠后，再上翻至正常高度，优化后如图 4.17（b）所示。

效益价值：提前发现污水处理各阶段功能使用问题，保证池体功能正常，污水处理整体工艺流程顺畅。避免后续拆改，预计节约费用 1.5 万元。

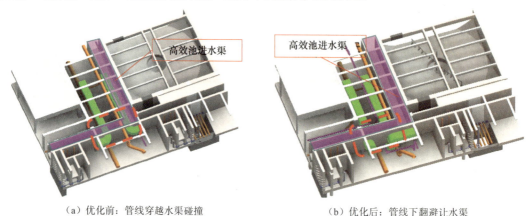

（a）优化前：管线穿越水渠碰撞 　　　　　　（b）优化后：管线下翻避让水渠

图 4.17　管线穿越水渠碰撞

◆案例四：自控桥架与行车轨道碰撞

案例背景：中间提升泵房区域布置行车轨道且贴梁底布置，自控桥架翻绕将影响行车正常运行，如图 4.18（a）所示。

解决方案：经与业主、施工单位、设计单位沟通后，将自控桥架于碰撞位置断开，在快混池柱旁增补同规格桥架，如图 4.18（b）所示。

效益价值：保证行车能正常运行，方便前期设备吊装，后期设备检修。避免后续拆改、电缆造成的浪费，预计节约费用 2.3 万元。

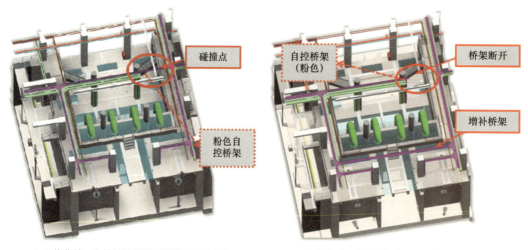

（a）优化前：自控桥架与行车轨道工字钢碰撞 　　（b）优化后：自控桥架断开，局部增设桥架

图 4.18　自控桥架与行车轨道碰撞

3. 净空优化

该项目整体层高局部达到 7.0m，原设计管线标高 4.0m，高度偏低，综合支架垂吊较长（约 1.7m），造成安全隐患较大，且支架立杆浪费、损耗较多。优化后，节约人工、材料综合费用约 3.4 万元。

◆**案例五：净空优化**

案例背景：按原设计所定标高要求进行优化，由于桥架较低，桥架、管道等管线固定时，支吊架过长，易造成支架不稳，如图 4.19（a）所示。

解决方案：经与施工、设计单位沟通后，将桥架抬高 850mm，管线尽量贴梁底布置，共用支吊架。优化后断面图如图 4.19（b）所示，三维示意图如图 4.19（c）所示。

效益价值：增加净空高度，管线排布更美观、层高不压抑；同时，支架高度降低，稳定性、安全性提高。优化后，可节约支吊架等成本约 3.4 万元。

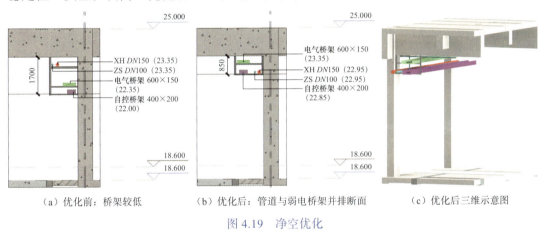

（a）优化前：桥架较低　　（b）优化后：管道与弱电桥架并排断面　　（c）优化后三维示意图

图 4.19　净空优化

4. 工艺管线优化后出图

根据工艺管线综合调整原则，结合污水处理工艺特点，综合考虑设计、建设、施工单位意见，对工艺管线综合系统进行优化，并经过设计最终确认，出具 BIM 管综专业图纸，图纸内容见表 4.2，包括各类工艺管线平面图、剖面图等。图 4.20 所示为箱体 BIM 管综平面及预留洞口图。

表 4.2　BIM 管综专业图纸内容

序号	专业	图纸分类	组成部分
1	给排水	消防平面图	（1）管道、管件、附件及机械设备； （2）管道的类型、尺寸、标高及定位尺寸标识； （3）图例及说明
		给水平面图	
		排水平面图	
	工艺	工艺平面图	

续表

序号	专业	图纸分类	组成部分
2	暖通	加药间暖通平面图 暖通平面图 除臭平面图	（1）风管、管件、附件及机械设备； （2）管道的类型、尺寸、标高及定位尺寸标识； （3）机械设备及附件位置、类型及安装高度； （4）图例及说明
3	电气	强电桥架平面图 自控桥架平面图	（1）桥架及配件； （2）桥架的类型、尺寸、标高及定位尺寸标识； （3）图例及说明
4	管线综合	管综平面图	（1）管道、管件、附件及机械设备； （2）机电管线的类型、尺寸、标高及定位尺寸； （3）机械设备及附件类型、位置及安装高度； （4）图例及说明
		管廊区剖面图	（1）管道、管件、附件及机械设备； （2）机电管线的类型、尺寸、标高及定位尺寸； （3）机械设备及附件类型、位置及安装高度； （4）图例及说明；
		预留孔洞立、剖面图	（5）墙、梁、板、柱、门窗、洞口、轴网和标注

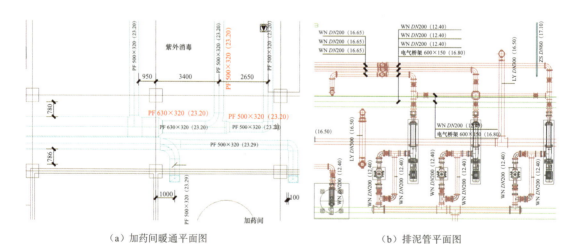

（a）加药间暖通平面图　　　　　　（b）排泥管平面图

图 4.20　箱体 BIM 管综平面及预留洞口图（部分）

4.1.4　设备运输与安装方案论证

　　该项目工艺设备大多是非标准设备，且业主方会根据污水处理效果对部分设计所提供的设备进行重选，发现部分设备尺寸变大，需对设备原运输路径、安装方案进行重新论证。以过滤池为例，过滤设备原采用 R 型回转式过滤器（图 4.21），重选后调整为转盘式过滤器（图 4.22），尺寸由 3900mm×1700mm×2500mm 调整为 6850mm×2280mm×2820mm。图 4.23 所示为设备运输路径示意图，根据行车轨道布置位置，设备从南侧大门 A 处运输进入箱体，设备长度为 6.85m，门宽 2.7m；设备由 A 点运输至 B 点与 C 点时进行转体，然后分别运至安装点 D 点与 E 点，最后吊装至安装基础位置，完成安装。利用 BIM 技术对设备运输过程进行可视化模拟，如图 4.24 所示，设备在 B 和 C 点转体过程中与柱子碰撞，因此无法完成转体运动，因此原设备运输和安装方案不可行，需重新制定方案。

图 4.21　R 型回转式过滤器

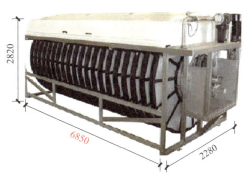

图 4.22　转盘式过滤器

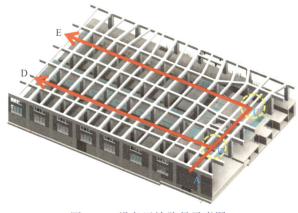

图 4.23　设备运输路径示意图

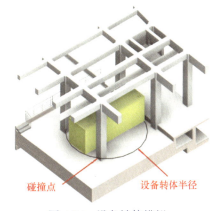

图 4.24　设备转体模拟

业主和施工方根据 BIM 模型对运输路径进行重新选择，提出顶部预留洞口与南侧建筑墙体后砌法两套方案，具体如下。

方案一：结构顶部预留吊装口，采用吊车将设备吊装至指定区域，如图 4.25 所示。

方案二：南侧建筑墙体后砌，采用南北向水平导轨，平推至设备安装区域，如图 4.26 所示。

基于 BIM 模型对两套方案进行定性定量分析和模拟，对比分析见表 4.3，通过对结构安全性、渗水隐患、施工难度等综合分析比对，结果为方案二更优。

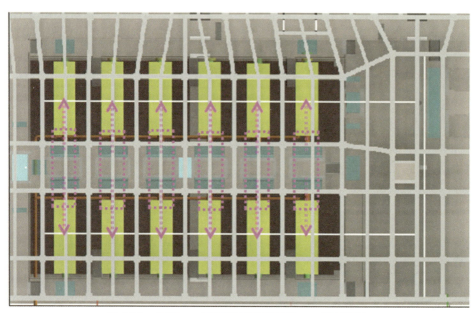

图 4.25　方案一：采用顶部预留吊装口，后封堵法

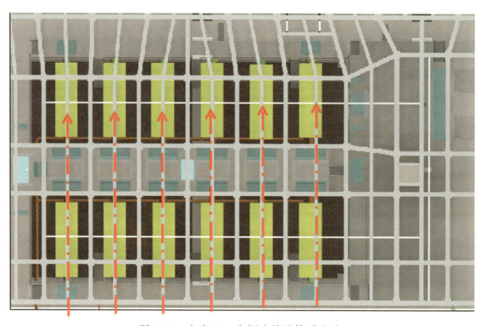

图 4.26　方案二：南侧建筑墙体后砌法

表 4.3　方案定性定量比较

方案比选	结构安全性	渗水隐患	施工难度	施工工期 / 天	人材机成本 / 万元
方案一	中	高	大	10	2.79
方案二	好	低	小	5	1.68

基于 BIM 模型模拟方案二施工，即先用南北向水平导轨将设备平推至安装区域，然后砌筑南侧建筑墙。利用 BIM 对该设备运输安装方案进行三维可视化模拟，如图 4.27 所示。优化具体工艺工序，确保工序有序衔接，充分论证方案的可行性。三维可视化动画同时作为交底，指导现场作业。

1）南侧建筑墙后砌法：根据图 4.27 所示，在过滤池进水渠上部架设水平导轨；图 4.28 所示为设备运输剖面示意图，设备由 A 点通过水平导轨运至 C 点后，需用吊葫芦升降机提升，由于吊葫芦升降机工作时需离工字钢轨道高 1.5m，故在 B、C 点需采用千斤顶逐级降低高度直至设备距离工字钢底部 1.5m，然后利用工字钢上吊葫芦升降机吊装至指定点 D、E 处。待设备全部安装后，再砌筑南侧墙体。

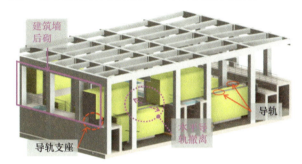

图 4.27　设备运输三维示意图

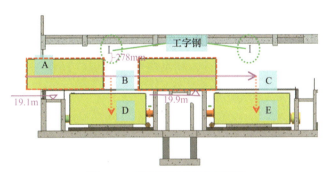

图 4.28　设备运输剖面示意图

2）行车导轨验证：在模拟验证过程中，综合考虑工艺管线安装、后期运维，须对行车导轨安装位置进行校核；经过 BIM 模型验证、设计校核，发现过滤池南北向导轨与排风井风管碰撞，且该位置无法避免，如图 4.29 所示。经多方讨论，决定取消该处导轨工字钢设计，后续维修材料采用活动行车进行运输，可节省工字钢 20m，节约费用约 1.2 万元。

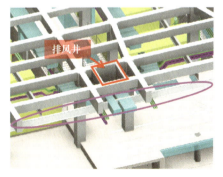

图 4.29　行车导轨工字钢与排风井风管碰撞

4.1.5　设备 BIM 模型与安装后现场比对

1.　细格栅设备安装

在设备安装阶段，通过三维技术手段，形成安装指导图集，对设备预留预埋进行精确定位，保证设备安装位置准确，确保污水处理各池体水位高程精准，如图 4.30 和图 4.31 所示。

图 4.30　细格栅池设备布置（模型）　　　图 4.31　回转式除污格栅机（现场）

2.　二沉池设备安装

该池体集水槽、撇渣管等较多，为非标准设备，链板式刮泥机为国外进口，技术安装难度大。通过 BIM 模型进行信息传递，保证数据一致性，同时协调设备厂家、现场施工班组按既定尺寸进行精确制造、精准安装，确保各设备正常运转，如图 4.32 和图 4.33 所示。

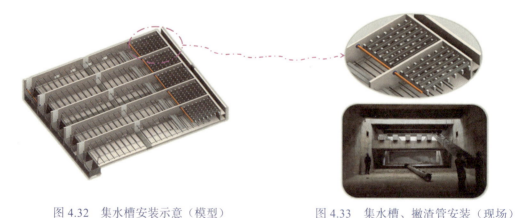

图 4.32　集水槽安装示意（模型）　　　图 4.33　集水槽、撇渣管安装（现场）

3.　提升泵设备安装

在设备安装阶段，通过三维技术手段，形成安装指导图集，以对设备进行精确定位，保证设备安装位置准确，确保污水处理各池体水位高程精准，如图 4.34 和图 4.35 所示。

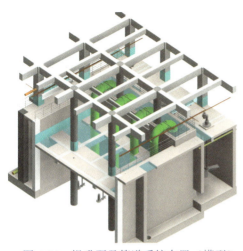

图 4.34　提升泵及管道系统布置（模型）　　图 4.35　提升泵及管道系统安装（现场）

4. 高效沉淀池设备安装

该池体设备复杂、安装难度大，为项目设备安装重点。在设备安装前，通过 BIM 模型对水位高程控制、运转圆弧角度模拟，保证刮泥机运行稳定、刮泥效果良好、出水水质达标，如图 4.36 和图 4.37 所示。

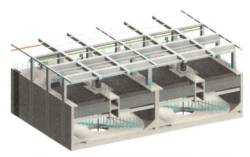

图 4.36　高效沉淀池设备布置（模型）　　图 4.37　中心传动浓缩刮泥机、斜管、集水槽（现场）

4.1.6　3D 施工指导图册

根据污水处理厂各单体结构复杂程度，利用 BIM 可视化技术，将各单体构筑物断面、复杂结构节点、单体与单体连接之间钢筋节点，采用构件类别、标高、钢筋等信息标注进行三维展示，形成 3D 施工指导图册，用于现场施工指导，如图 4.38 所示。

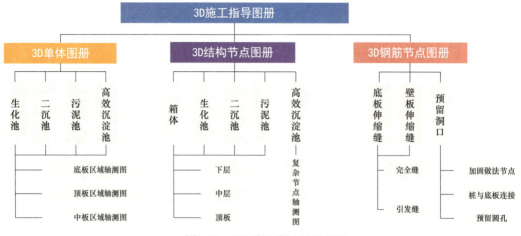

图 4.38   3D 施工指导图册目录

1. 单体图册

利用 BIM 可视化特点，对该项目污水处理四个主要单体上、中、下各层进行三维轴测展示，建立各单体空间概念；同时，标识各构件、标高等信息，辅助项目管理人员对一线工人进行可视化技术交底，如图 4.39 所示。

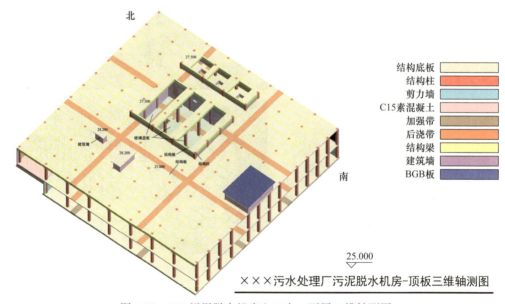

图 4.39   308 污泥脱水机房上、中、下层三维轴测图

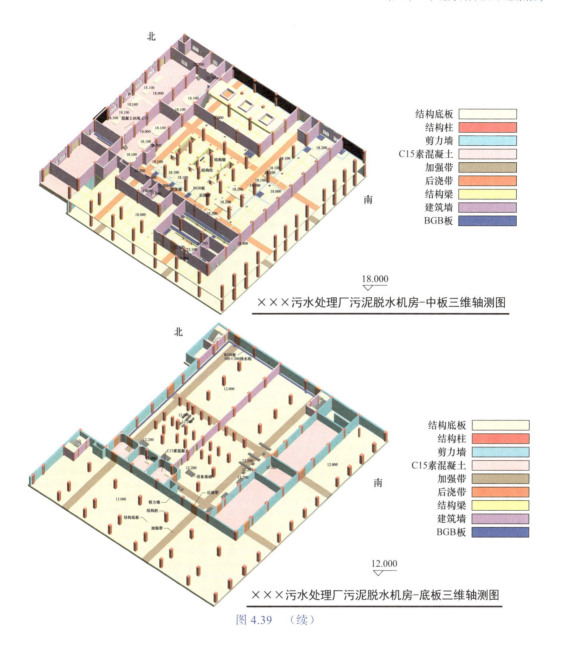

××× 污水处理厂污泥脱水机房-中板三维轴测图

××× 污水处理厂污泥脱水机房-底板三维轴测图

图 4.39　（续）

2．结构节点图册

（1）AAO 生物反应池

该项目 AAO 生物反应池长 149m，宽 132m，是污水处理厂的核心部分，其施工规模和施工难度均为各类建筑物、构筑物中较大的，施工主要分为基础施工，主体施工。其中，主体施工重点为高剪力墙的施工，包括模板和大体积混凝土的浇筑。施工难点为大体积混凝土防开裂和防渗处理。按照图纸对各节点、断面及洞口建模，真实的反应项目高低差，结构降板构造等，同时内含箱体通行车道，为后期设备运输和检测提供通道，如图 4.40 所示。

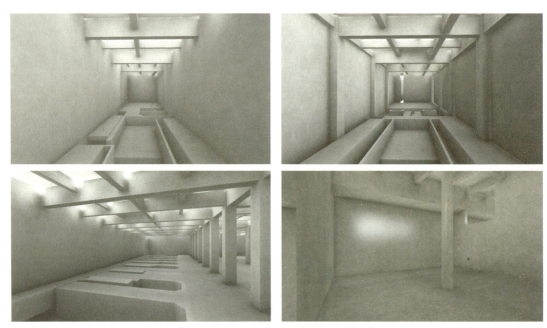

图 4.40　AAO 生物反应池复杂节点模型

（2）二沉池

污水经过 AAO 生物反应池处理后，必须进入二沉池进行泥水分离，澄清后的水达标后才能排放，同时还要为生物处理设施提供一定浓度的回流污泥或一定量的处理水，因此二沉池的工作性能与活性污泥系统的运行效果有直接关系。该项目二沉池包含配水井，按图纸建模后，整体的构造相对简单，预留预埋洞口较为规则，如图 4.41 所示。

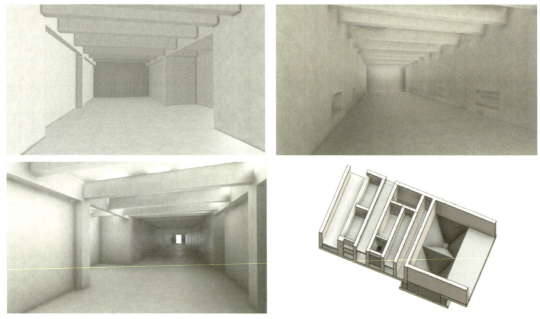

图 4.41　二沉池复杂节点模型

（3）污泥脱水机房

污泥脱水是污水处理厂污泥处理减量化的重要环节，以便于污泥外运和最终处置。污泥脱水机房设备多，造成相应连接管道较多。同时，板面预留洞口也较多，通过 BIM 模型可以精准的对现场预留洞口进行施工预留预埋，以便更好的进行施工组织交底，减少后期预留预埋存在的错误，降低施工成本，如图 4.42 所示。

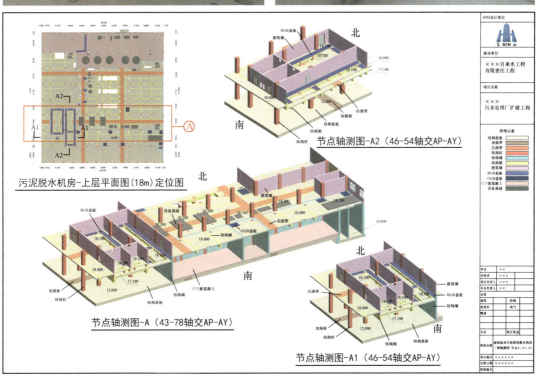

图 4.42　污泥脱水机房复杂节点模型

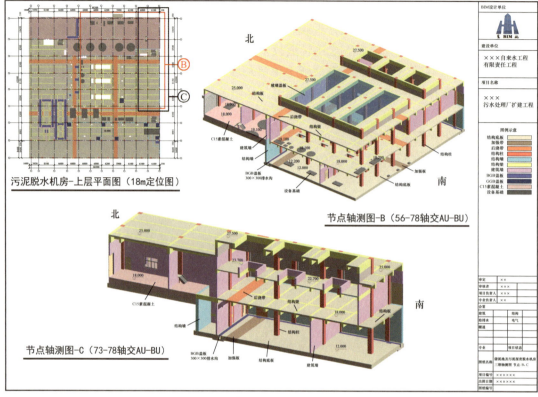

图 4.42 （续）

（4）高效沉淀池

高效沉淀池是进一步沉淀去除水中悬浮物的构筑物。该沉淀池池体存在数十个标高，预留预埋洞口形状各异，构造复杂。沉淀池体有很多异形构件，需通过 1:1 建模进行三维可视化技术交底。BIM 团队成员根据业主所提供的图纸创建高效沉淀池复杂区域节点模型，通过三维模型直观展示各节点构造，以辅助项目管理人员对一线工人进行可视化技术交底，为复杂区域节点顺利实施提供技术保障，如图 4.43 所示。

图 4.43 高效沉淀池复杂节点模型

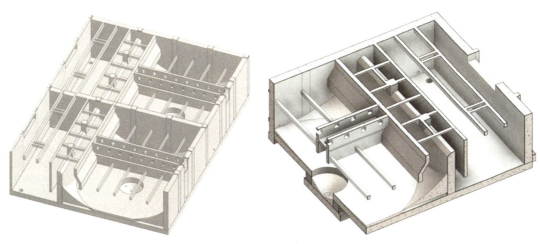

图 4.43　（续）

　　对吊车轨道节点建模，指导现场加工、预留预埋。根据甲方提供图纸及国家建筑标准设计参考图集《国家建筑标准设计参考图集（悬挂运输设备轨道）》（05G359-3）相关要求，进行吊车轨道节点建模，清晰地表达吊筋、锚板、预埋件与结构梁的空间位置关系，同时对现场吊车轨道安装提供技术支持，指导现场结构预留预埋施工。吊车轨道模型如图 4.44 所示。

（a）吊车轨道剖面节点　　　（b）吊筋、锚板预留预埋节点　　　（c）吊车轨道三维

图 4.44　高效沉淀池吊车轨道模型

3．钢筋节点图册

　　创建节点模型，可增强图纸立体感，同时辅助施工进行可视化技术交底，如图 4.45 和图 4.46 所示。

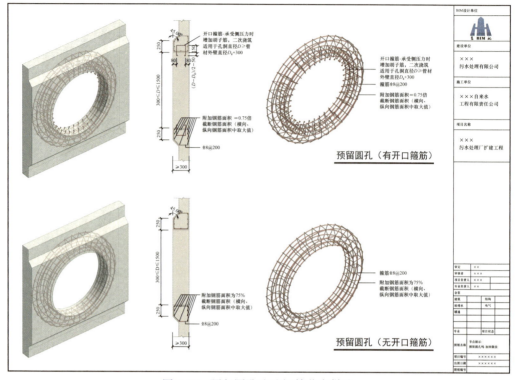

图 4.45　预留圆孔池壁钢筋节点做法

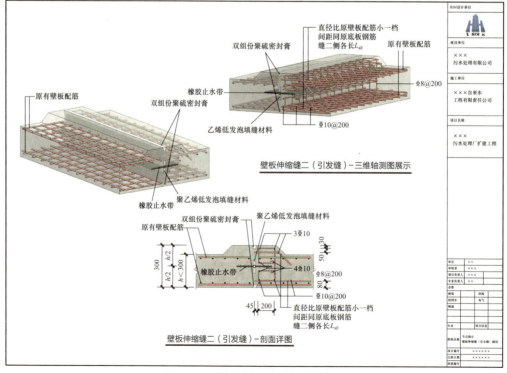

图 4.46　壁板引发缝钢筋节点做法

4.模型与现场实施对比

1）污水厂对防水要求严格，伸缩缝处易出现渗水隐患。通过图 4.47 所示模型，可直观地了解伸缩缝处节点做法，指导现场施工作业，防止节点错误、止水带遗漏等造成渗水现象，现场实施如图 4.48 所示。

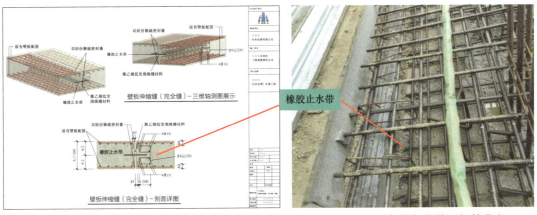

图 4.47 底板伸缩缝钢筋节点　　　　图 4.48 桩基与底板交接区钢筋节点

2）DN1500 管孔径尺寸较大，结构受力薄弱，需采取必要附加钢筋措施增加结构受力，该区域钢筋绑扎复杂，图 4.49 所示为管孔钢筋加固节点做法模型，现场实施如图 4.50 所示。

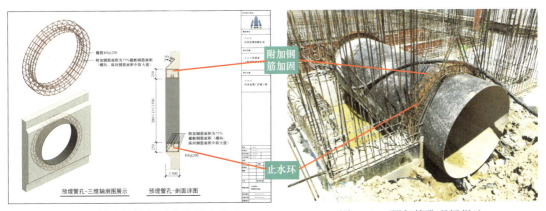

图 4.49 管孔钢筋加固节点做法模型　　　　图 4.50 预留管孔现场做法

3）图 4.51 所示为动力系统、自控系统电缆及配电箱柜布置三维展示图。现场施工人员可直观地定位配电箱柜并进行控制系统布置，以指导现场机电安装（图 4.52）。尤其针对工期紧张的项目，可快速跟进实施情况，辅助管理人员对实施进度动态管控。

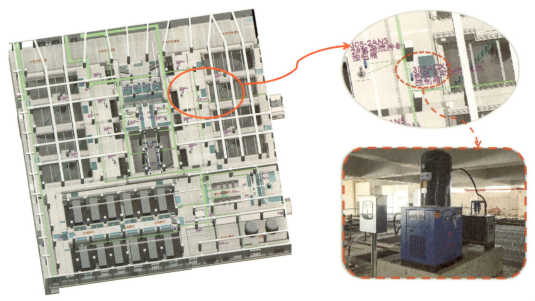

图 4.51 动力系统、自动系统电缆及配电箱柜布置三维展示图　图 4.52 高效沉淀池斜板反冲洗控制箱安装

4.1.7 可视化施工指导

1. 施工场地模拟

结合现场地形，通过 BIM 可视化技术优化场地平面布置（图 4.53），可充分提高厂区空地利用率，解决场地狭小问题。同时，辨识厂区内危险源，保证现场安全文明施工。在设备安装方面，结合污水处理厂设备尺寸大、种类多、吨位重等特点，合理布置非标准设备、大型一体化设备及可拆卸安装设备的摆放位置及安保措施，为设备安装提供便利，减少二次搬运损耗。在施工阶段，根据现场反馈意见，在施工场地适当位置增设安全文明施工设施以及施工现场位置、材料堆场标识。最后，按照标准化图集要求进行综合调整和效果展示，如图 4.54 ～图 4.56 所示。

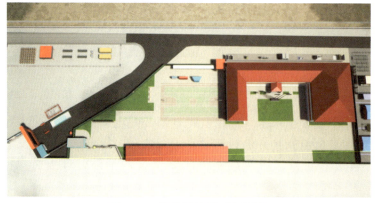

图 4.53 优化场地平面布置图

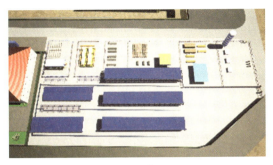

（a）生活区

（b）企业文化墙

（c）班前讲评台

（b）钢筋加工区

图 4.54　项目场地方案

图 4.55　施工现场入口模型

图 4.56　施工现场入口现场

2．施工进度模拟

由于项目工期紧张，设备安装、调试时间较长，项目开始便制定了土建施工流水作业顺序（图 4.57），整体结构施工由东向西推进。经 BIM 模拟论证，原方案西侧鼓风机房和细格栅最后施工会影响北区通水试验时间，为加快施工进度，将生化池、细格栅及爆气沉砂池、鼓风机房施工节点前置，保证整个污水处理北区率先达到试水条件，如图 4.58 所示。

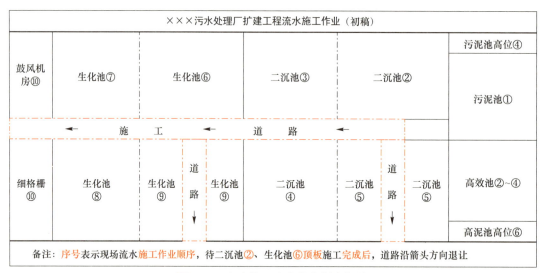

图 4.57 土建施工流水作业顺序初稿

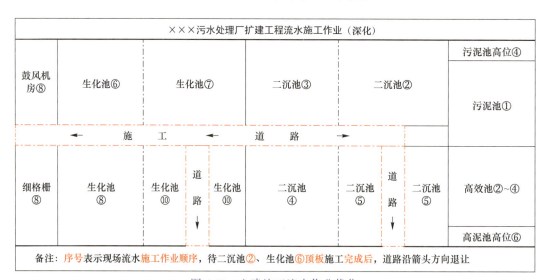

图 4.58 土建施工流水作业优化

　　针对优化后的施工流水作业，结合施工进度计划，利用 BIM 模型进行可视化进度模拟，直观展示建造过程中人、材、机的使用情况。同时，也可以发现施工组织中可能出现的问题。针对问题，根据新的要求及时调整施工计划，以达到最大化节约工期，降低成本的目的。该项目的全过程施工进度模拟包含基坑开挖部分（图 4.59）、结构施工、建筑施工与管线安装等。

　　该项目的基坑开挖节点工序模拟如图 4.60 所示。

　　通过 BIM+无人机技术，可及时了解现场实际施工与进度计划对比情况。强化过程管控、动态调整，有利于保证工期节点，同时也协助项目管理者进行现场的施工进度控制、质量控制，如图 4.61 所示。

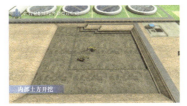
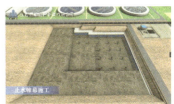

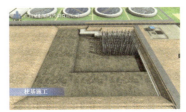
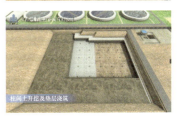

图 4.59　基坑开挖工艺展示

图 4.60　基坑开挖流水施工模拟　　　　图 4.61　BIM+ 无人机技术协助现场实际
　　　　　　　　　　　　　　　　　　　　　　　　施工与进度计划对比

3. 污水处理工艺模拟

该项目通过对实际工艺条件、进水水质、出水要求、污水厂规模、污泥处置方法、气象环境条件及技术管理水平、工程地质等因素进行综合考虑后，决定采用先进的污水处理工艺，即"AAO 生物反应 + 二次沉淀 + 高效沉淀 + 过滤 + 紫外线消毒"工艺，该处理为本区域首例使用。为便于理解处理工艺及相应设备安装，采用 BIM 技术进行全方位、全过程污水处理模拟，污水处理工艺流程如图 4.62 所示。

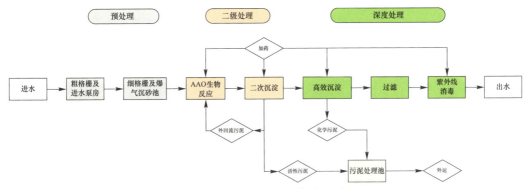

图 4.62　污水处理工艺流程图

1）预处理。污水经粗格栅、细格栅，对絮状物、纤维、毛发等进行拦截，如图 4.63 所示。然后，再流入曝气沉砂池（图 4.64）进行除砂、除油处理。

图 4.63　粗格栅及进水泵房

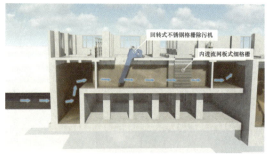

图 4.64　细格栅及爆气沉砂池进行除砂、除油

2）二级处理。污水经过预处理后进入 AAO 生物反应池（图 4.65），经厌氧段、缺氧段、交替段、好氧段分别进行除氮、除磷处理。然后进入二沉池（图 4.66）进行二次沉淀，主要沉淀污水中以微生物为主体的固体悬浮物，以进行泥水分离，并提供澄清的水和浓缩的活性污泥。

图 4.65　AAO 生物反应池

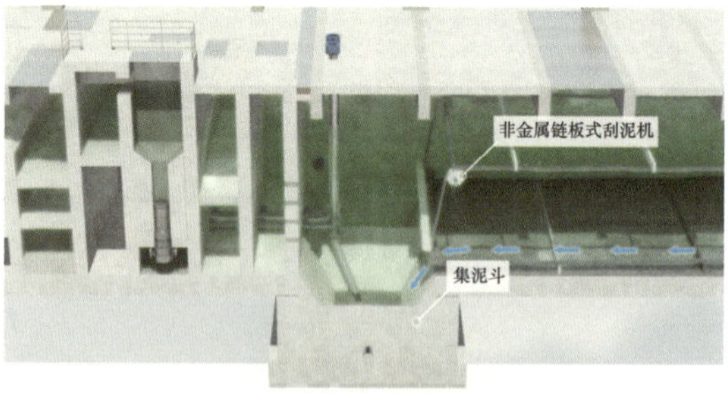

图 4.66　二沉池

3）深度处理。污水经二级处理后进入深度处理。

① 在高效沉淀池区域先后进入快混区、絮凝区，加快水体中络合物凝聚，如图 4.67 所示。最后，经折板进入沉淀区，在此由下向上经过斜管分离处理，澄清水由上部集水槽排出，底部剩余污泥进入污泥处理池，如图 4.68 所示。

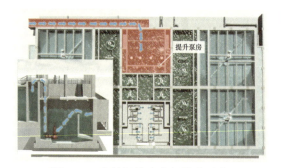

图 4.67　高效沉淀池中间提升泵房

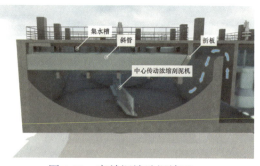

图 4.68　高效沉淀池沉淀区

②过滤及消毒。经高效沉淀池处理后，污水经过滤器池（图 4.69）及紫外线消毒池（图 4.70）进行过滤、消毒处理，将水中的细菌、病毒、藻类等微生物进行破坏消杀，最后尾水达标后排入赣江南支。

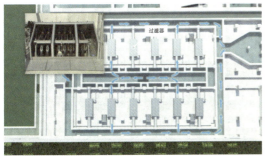

图 4.69　过滤器池

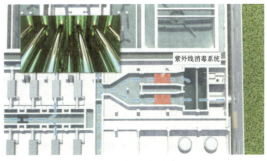

图 4.70　紫外线消毒池

4）二维码交底。将项目施工专项方案、管理制度、设备操作规范、技术交底信息、复杂节点、工艺视频等生成二维码展示板。通过手机扫码快速查询所需相关信息，如图 4.71 所示。

图 4.71　二维码展板

4. 竣工漫游展示

利用 BIM 软件构建建筑物的三维空间，如图 4.72～图 4.74 所示，通过可视化漫游、动画的形式进行身临其境的空间感受，及时发现不易察觉的设计缺陷或问题，减少由于前期规划不合理而造成的损失。

图 4.72　项目厂区全景鸟瞰效果

图 4.73　厂区大门效果　　　　　　　　图 4.74　综合楼效果

4.1.8 "BIM+"技术应用

1．BIM+运维应用

BIM 模型存有各构件、设备的类型和精准空间信息，可以此为基础进一步完善设备厂家、性能等运维属性，并集成到运维管理平台。图 4.75 所示为污水处理厂 BIM+运维管理平台，可提供虚实联动的可视化精准管理，从而实现智慧化水务管理。

图 4.75　污水处理厂 BIM+运维管理平台

2．BIM+3D 打印

3D 打印技术可将虚拟模型转换为实体，以便人员进行实物查看与理解。针对污水处理工程，可将项目结构复杂区域、影响污水关键处理区域进行 3D 打印。图 4.76 所示为二沉池 BIM 模型和 3D 打印模型，通过打印的实体模型可直观的展示污水处理水流高程及流向，辅助管理人员技术交底、指导现场施工。此外，基于 BIM 模型制作 1∶100

的整体结构 3D 打印模型，可用于项目整体沙盘，同时结合灯光和水流等，可进行直观、形象的展示，如图 4.77 所示。

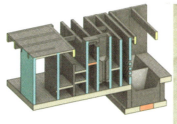

图 4.76　二沉池 BIM 模型和 3D 打印模型　　　图 4.77　整体结构 3D 打印模型

3. BIM+ 虚拟现实

基于 UE4 软件制作污水处理厂室内外效果及 VR 场景，以贴近真实的视觉与交互体验，将体验者带入虚拟场景，进行场景漫游等相关应用。通过 VR 技术，可呈现类真实的虚拟环境，检查地下箱体各个专业设计的合理情况，设备布置合理性，如图 4.78 所示。

图 4.78　BIM+ 虚拟现实

4. BIM+ 无人机航拍

通过无人机航拍（图 4.79）采集施工实时进度数据，将计划进度与实际进度模拟比对，及时分析偏差，对项目施工实时动态调整。同时，结合无人机技术航拍的数据，生成施工日志。

图 4.79　无人机航拍

4.1.9　项目总结

针对该项目半地下箱体标高烦杂、预留洞口多、工艺管线复杂等特点，以及为满足现场多专业交叉施工、工期紧等需求，通过 BIM 技术，结合图纸审查、工艺管线深化和自主研发管理平台等创新应用，对项目建设质量及经济效益进行了有效的控制。利用 BIM 技术在污水处理厂工程施工中精细化管理，可避免设计图纸问题流向施工过程中，有效的辅助了半地下箱体结构精细化交底、优化项目进度任务，促进各专业信息精准传递，使 BIM 模型真正的发挥作用。

1）图纸审查解决设计源头问题是 BIM 应用基础环节。项目 BIM 图纸审查发现结构标高、碰撞、预留洞口等 95 个问题，实现设计问题的零返工，节省工期 23 天。

2）工艺管线与设备吊装深化应用，是减少现场拆改，顺利推进项目施工的关键。该项目工艺管线深化应用涉及 15 个区域，多达 28 类管线，避免了各类管线碰撞。通过优化管线路径、提升净空，完善使用功能。

3）BIM 精细化交底应用确保设计施工信息的精准传递，是贯穿整个 BIM 施工应用中的有效手段。BIM 精细化交底确保各专业人员准确高效理解设计图纸，减少因理解偏差造成的返工。3D 电子图册辅助实施人员对复杂节点全方位理解；施工进度模拟，优化施工顺序，提高施工进度；污水处理工艺施工模拟还原污水处理方法；可视化漫游促进人员对施工现场布置、室内外竣工效果、园林景观有直观的认识。

4）结合运维管理平台和"BIM+"等手段，为各方协同高效工作提供有力条件。利用轻量化管理平台，集成 BIM 模型、图纸问题报告、施工文档管理等，实现各参与方高效便捷、随时随地查看项目进展和实施的功能，为项目施工交底指导和建设过程管控提供有力支持。

4.2　市政管网迁改 BIM 应用

城市地下管线作为城市的"主动脉"，是城市基础设施重要组成部分。随着城市空间建设的发展，对城市管网信息化建设与管理要求也在不断提高。当前，城市地下管线信息化管理常常基于 GIS 数据开发，实现了城市管线使用和维护信息化，但传统 GIS 系统缺乏工程建设信息数据，难以满足城市快速更新进程中管线拆改快速设计、建造与归档的需求。

随着信息技术的不断发展，BIM 技术的应用将推动建筑业的转型升级，实现全过程的精细化管理。BIM 技术应用于城市地下管线，可实现地下管线三维可视化、精细化的分析管理。"BIM+GIS"的结合应用，可加强对管线迁改工程的规划编制和审查（包括管线容量、管径、位置及附属设施等）。通过落实管线综合规划要求，充分考虑管线迁改的可实施性，为管线迁改提供了新的技术方法，极大提高城市管线迁改效率。由于城市管线布设复杂，具有独特的应用环境和需求，因此 BIM 建模效率较低，且当前形成的 BIM 应用体系主要是基于建筑工程领域，直接应用于市政管网工程效果不佳。

本节以 ×× 市某隧道工程地下管线迁改工程为例，开展地下管线全过程全阶段的技术应用。针对管线 BIM 建模效率低的问题，开发 BIM 自动化建模工具、拆改工程量快速统计工具，实现管线模型自动创建、碰撞核查与迁改管线工程量的快速生成，解决复杂城市管网 BIM 应用体系不完善、建模效率低、工具匮乏等问题。同时，对 BIM 数据与 GIS 数据进行深入分析，打通 BIM 与 GIS 数据之间的转换障碍，实现 BIM 数据与 GIS 数据的精准转换，为后续地下管线 BIM 应用提供参考和借鉴。

4.2.1　项目概况

该项目为某隧道工程地下管线迁改项目，全长 2.1km，工程范围地势比较平坦，规划区内现有包括雨水、污水、电力、通信、给水、燃气等专业管线。管线综合规划设计的原则为：充分利用现有工程管线，在满足现行规范和不影响隧道工程施工前提下，尽可能保护现有工程管线不做迁移，并应充分考虑现场管线迁改工程的施工协调，避免道路反复开挖，以节约工程投资。

1．BIM 应用目标

1）形成地下管线 BIM 应用标准，该标准应达到国家相关 BIM 应用规范的要求，同时遵循国家标准和该项目所在地区地方标准体系，还应能够支持规划单位、权属单位、物理勘探单位自动转化的要求。

2）结合管线迁改工作的全过程管理工作流程，进行 BIM 应用试点和探索，形成地下管线的模型创建、碰撞核查、迁改模拟等 BIM 应用成果。

3）在该项目研究成果基础上形成的城市地下管线大数据作为第一手信息，为下一步搭建基于 BIM 的地下管线数字化审控平台提供基础数据支撑。

2．项目全过程 BIM 应用流程

BIM 技术在建筑工程中应用广泛，而其在全过程应用可更大发挥其预演预排、信息追溯的功能。针对管线迁改过程各阶段需求进行分析，管线迁改全过程 BIM 应用应包括管线迁改设计、施工、保护及竣工交付等，图 4.80 所示为城市地下管线迁改全过程 BIM 应用的技术流程。

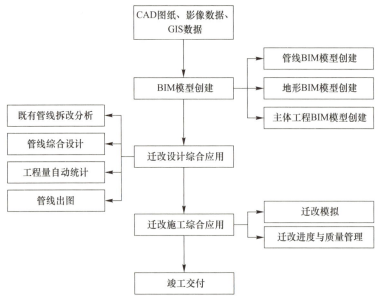

图 4.80　BIM 技术在管线迁改中的应用流程

4.2.2　BIM 模型自动化创建

模型创建之前，应根据管线迁改项目的建模需求，对管线、管件及附属结构进行标准化族（数据库）创建和整理，形成标准化族库。尤其是参数化模型，可结合二次开发以便管线批量化建模，从而提高地下管线模型创建效率。该项目所搭建的地下管网构件 BIM 族库如图 4.81 所示，包括水表、检查井、消火栓、雨水井等，约 20 种。模型的放置中心、尺寸均进行参数关联，可根据实际需求进行参数修改，极大便利了管线建模需求。

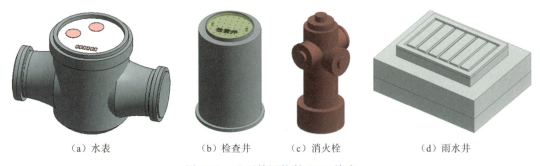

（a）水表　　　　　（b）检查井　　　（c）消火栓　　　　　（d）雨水井

图 4.81　地下管网构件 BIM 族库

基于上述族库，通过 BIM 二次开发管线自动建模工具提取 CAD 数据或管线 GIS 系统数据，快速获取管线类型、放置位置、尺寸等数据，实现管线模型的快速生成。通过专业建模，生成污水、雨水、电力、电信、给水、燃气等六个专业管线 BIM 模型，以便模型管理。

为便于分析管线埋深及迁改管线与主体的位置关系，还应创建地形 BIM 模型与主体隧道工程 BIM 模型，地形 BIM 模型与主体隧道工程 BIM 模型基于卫星影像数据或图纸创建，并与管线基于统一的坐标系进行合并，形成整合模型。

4.2.3 迁改设计 BIM 综合应用

1. BIM 迁改分析

BIM 迁改分析是根据既有管线模型与隧道主体模型进行 BIM 三维碰撞检查分析，并考虑施工平面 5m 内的合理缓冲范围，查找到各专业管线与隧道出口存在 24

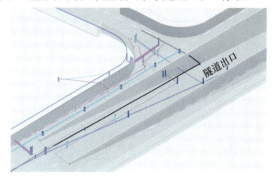

处碰撞，为管线综合设计提供准确的拆改位置。BIM 迁改分析效率高，且碰撞为三维空间碰撞关系，减少了二维平面叠图的误判。碰撞模型中，与主体工程位置冲突的既有管线即为迁改管线，通过分析，实现保护现有工程管线不作迁移的目的。图 4.82 所示为隧道出口处与既有管线的位置冲突，因此，该范围的管线应进行迁移。

图 4.82　隧道出口管线碰撞

2. 管线综合规划设计

根据迁改分析报告以及管线规划设计原则，对管线模型进行迁改调整，以避让主体工程为原则生成管线迁改模型。管线深化遵循有压管道让无压管道、埋管浅的管道让埋管深的管道、单管让双管、柔性材料管道让刚性材料管道等原则。不同类型管线，根据规范要求需设置一定安全保护距离。

例如，燃气管道极易产生安全事故，长距离输气管道应遵循《中华人民共和国石油天然气管道保护法》，无特殊情况下，规定有效间距为 5m。城镇燃气输配管道（门站后）应遵循《城镇燃气设计规范（2020 版）》（GB 50028—2006）相关要求，高压燃气管道距建筑物基础的距离应根据介质压力不同而设置，介质压力 0.4 ～ 0.8MPa，其距离不小于 4m；介质压力 0.8 ～ 1.6MPa，其距离不小于 6m。此外，燃气管线距街树，架空电力线，通信、给水、排水等管线及建筑物间均有净距要求。

由此可见，城市管线种类繁多，相互之间安全距离不一，如仅按一类管线要求对管线之间的距离进行控制，会导致现场施工反复；如均按最大安全距离控制，则项目成本将增大，而且也会受到用地控制线的限制。所以，通过建立 BIM 模型，按相应要求规划管线以避免各自碰撞，并且充分考虑新规划管线与上部构筑物管线连接匹配。优化过程应依据查找的碰撞报告与管线优化原则对管线进行逐一调整优化，确保各专业管线间碰撞问题得以解决。

3．工程量计算

工程量计算是工程建设的重要基础性工作，贯穿项目全生命期，是工程计价、成本管控与资源调配的基础。通过对管线 BIM 模型优化和完善构件属性参数，如状态参数（赋值为现状、拆除或规划）、材质、尺寸、埋深等影响算量的相关参数，并根据工程量计算要求设定计算规则、扣减关系，建立符合工程量计算要求的模型，并利用配套软件进行工程量计算，实现模型和工程量计算无缝对接，极大提高工程量计算的效率与准确性，如图 4.83 所示。

〈管道明细表〉						
A	B	C	D	E	F	G
专业	类型	管线状态	尺寸	内径/mm	长度/mm	说明
排水	管道类型	新建	300mmϕ	303	22914	
排水	管道类型	新建	300mmϕ	303	3000	
排水	管道类型	新建	300mmϕ	303	4865	
排水	管道类型	新建	300mmϕ	303	5080	
排水	管道类型	新建	300mmϕ	303	4700	
排水	管道类型	拆除	400mmϕ	381	19924	
排水	管道类型	新建	400mmϕ	381	19200	
排水	管道类型	新建	400mmϕ	381	17200	
排水	管道类型	新建	400mmϕ	381	4600	
排水	管道类型	拆除	500mmϕ	478	32668	
排水	管道类型	新建	500mmϕ	478	16025	
排水	管道类型	拆除	600mmϕ	575	29751	
排水	管道类型	拆除	600mmϕ	575	39183	
排水	管道类型	拆除	600mmϕ	575	29979	
排水	管道类型	拆除	600mmϕ	575	29482	
排水	管道类型	新建	600mmϕ	575	42983	
排水	管道类型	新建	600mmϕ	575	31763	
排水	管道类型	新建	600mmϕ	575	28920	
排水	管道类型	新建	600mmϕ	575	44540	
排水	管道类型	新建	600mmϕ	575	24274	
排水	管道类型	新建	600mmϕ	575	31612	
排水	管道类型	新建	600mmϕ	575	29000	
排水	管道类型	新建	600mmϕ	575	29200	
排水	管道类型	新建	600mmϕ	575	21500	
燃气	管道类型	新建	600mmϕ	575	42190	
燃气	管道类型	新建	600mmϕ	575	42300	
燃气	管道类型	新建	600mmϕ	575	13172	
燃气	管道类型	新建	600mmϕ	575	117144	
燃气	管道类型	新建	600mmϕ	575	6454	
燃气	管道类型	新建	600mmϕ	575	6840	
燃气	管道类型	新建	600mmϕ	575	42190	
燃气	管道类型	新建	600mmϕ	575	42300	
燃气	管道类型	新建	600mmϕ	575	13172	
给水	管道类型	新建	600mmϕ	575	114749	
给水	管道类型	新建	600mmϕ	575	7635	
给水	管道类型	新建	600mmϕ	575	6981	

图 4.83　管线工程量计算

4．管线出图

依据迁改后管线 BIM 模型，利用 BIM 软件单独创建各专业管线拆改视图，并参考相关规范中对线性的要求，为不同专业设置颜色，分别为污水、雨水、电力、电信、给水、燃气等管线建模。根据实际情况与地下管线探测规范、出图规范，生成不同类型的二维图纸和三维视图，以指导现场施工。

4.2.4　迁改施工 BIM 综合应用

1. 迁改模拟与方案优化

通过在管线 BIM 模型的基础上附加建造过程、施工顺序等信息，对管线迁改进行可视化模拟，并充分利用建筑信息模型对迁改方案进行分析和优化，减少现场管线搬迁次数和材料浪费，提高方案审核的准确性，指导现场施工，如图 4.84 所示。

图 4.84　BIM 迁改模拟

2. 迁改进度与质量管理

基于 BIM 的进度与质量管理是通过对现场迁改施工情况与模型的比对，找出进度与质量偏差，并分析原因，然后采取对应措施，有效控制进度与降低质量风险，实现对项目进度、质量的合理控制。结合虚拟设计与施工（virtual design and construction，VDC）、增强现实（augmented reality，AR）、三维激光扫描（laser scanning，LS）、施工监控及可视化中心等技术，实现可视化项目管理，对项目实际进度和质量进行有效的跟踪和控制，并将跟踪数据输入到模型当中。对质量与进度偏差进行调整，以及更新目标计划，以达到多方平衡，实现进度质量管理的最终目的，最后生成施工进度控制报告与施工质量控制报告。

4.2.5　竣工测量验收交付

在管线迁改项目覆土前进行竣工测量。2017 年项目所在市区地下管线建设项目达 1059 个，测量时效性、强探测定位、测量精度要求高。将竣工验收信息添加到管线施工过程模型中，并根据项目竣工测量实际情况进行修正，以保证模型与工程实体的一致性，进而形成竣工模型。收集迁改项目设计模型与竣工测量信息数据，并对模型进行数据更新，形成包含设计、施工与测量过程的完整竣工信息模型，并将管线迁改竣工 BIM 模型以符合该地区地下管线综合管理信息系统入库要求的竣工管线数据结构信息进行输出，如实际起点位置与终点位置，导出竣工管线数据表（表 4.4）。这样可以实现数据更新与永久存档，并可以将数据导入到该地区地下管线综合管理信息系统中，实现管线信息动态更新，逐步构建全面、准确的全市管线一张图。

表 4.4　竣工管线数据表

专业	状态	直径 /mm	长度 /mm	起点坐标高程 /m			终点坐标高程 /m		
				x 坐标	y 坐标	高程	x 坐标	y 坐标	高程
排水	新建	300	22914	25653.778	51043.712	7.420	2562.488	51066.59	7.220
排水	新建	300	3000	25848.784	50743.801	6.596	25848.508	50746.801	6.710
排水	新建	300	4865	25861.788	50725.017	4.013	25857.031	507255.512	4.910
排水	新建	300	5080	25872.268	50748.021	5.906	25870.212	50752.639	5.803
排水	新建	300	4700	25895.524	50753.324	5.803	25865.535	50755.814	5.695
排水	拆除	400	19924	25750.768	50665.373	7.150	25748.171	50660.458	7.143
排水	新建	400	19200	25712.719	50612.457	6.482	25717.516	50608.045	6.570
⋮									

4.2.6　BIM 自动化工具研究

1. 三维自动建模工具

城市地下管线涉及的专业广、数量多，人工创建管线 BIM 模型效率低下，且易出错。因此，该项目在管线建模过程中，通过分析管线数据结构，寻找规律，进行 BIM 软件二次开发生成三维管线自动建模工具，一键生成各专业管线 BIM 模型。

对管线数据库结构进行分析，如图 4.85 所示，通过 GIS 软件快速提取既有管线数据或通过现场采集的数据生成管线属性数据表。根据规范，管线构件分为管线点构件与管线线构件两类，管线点构件包括探测点、窨井、管线连接件、检查点等；管线线构件则为管点之间连接的管类构件。

管线点构件属性数据表具有构件编码、专业、类别、平面位置、高程、材质等参数，自动通过 Revit 二次开发管线建模工具可直接拾取属性数据表中参数，自动批量创建管线点 BIM 模型。

管线线构件属性表中包含管线类别、类型、材质、管径等参数，但无管线起止点坐标。经过分析，可通过管线起止点编号对应管线点属性数据表中，查找起止点坐标和高程。通过 Revit 二次开发对管线线构件属性进行链接查询，然后通过建模工具自动拾取管线属性参数，自动批量创建管线模型。

图 4.85　BIM 管线数据库结构

2．自动碰撞工程量统计工具

在管线迁改应用过程中，与主体工程碰撞的管线工程量可直接用于管线拆除的工程量分析。在 BIM 软件中可快速按各专业、管径统计管线工程量，也可快速查找与主体碰撞管线数量，但却无法实现自动统计与主体工程碰撞的管线工程量。究其原因，BIM 软件工程量需基于设定参数进行分类统计，而碰撞分析过程中，只会显示碰撞管线，却未对其添加参数，因此无法对管线进行分类统计。为提高工程量分类统计工作效率，Revit 二次开发工具可实现快速提取与主体工程碰撞的拆除管线工程量，具体步骤如下：

1）各专业管线模型创建完成后，统一添加状态属性并赋值为现状，并根据专业、状态等关键属性创建工程量表。

2）通过 BIM 工具二次开发，选择主体模型自动查找与其碰撞的管线，并对碰撞管线状态属性值进行修改，修改为拆除。

3）BIM 软件可直接统计状态为拆除的管线工程量，即实现快速提取碰撞拆改管线工程量。

4.2.7　管线 BIM 数据标准

BIM 与 GIS 数据转换是实现建筑过程数据导入 GIS 管理信息系统中的关键问题。该项目城市管线 BIM 数据标准旨在实现 BIM 与 GIS 数据的无缝对接。图 4.86 所示为

BIM 数据应用流程图,其中管线 BIM 信息模型的数据来源于竣工要求、BIM 应用规定、模型精细度要求、管线分类分级与构件编码等。BIM 信息模型基于上述既有数据创建,项目实施过程中 BIM 信息模型不断更新,形成迁改竣工 BIM 信息模型,并转换为常规数据,并导入该地区地下管线综合管理信息系统,实现管理系统信息的迭代更新。

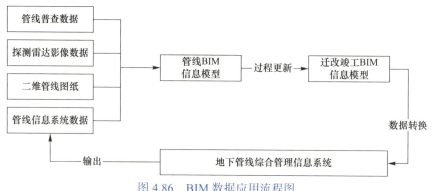

图 4.86 BIM 数据应用流程图

1. 构件编码

项目标准管线编码采用五层字符码组成,如图 4.87 所示。前三层对应《地下管线探测技术规程》前三位编码;第四层为 BIM 构件类型码,用两位数字 00 ~ 99 表示;第五位是构件编号或补位代码,用四位数字 0000 ~ 9999 表示。依据《建筑信息模型应用统一标准》,BIM 构件编码需唯一。为避免项目构件编码重复,宜整合项目所有模型后统一进行编码添加。

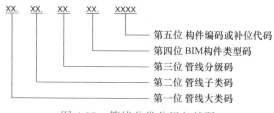

图 4.87 管线分类分级与编码

2. 管线属性定义

项目标准管线属性定义重点针对管线点构件、管线线构件、管线面构件。标准对点构件、线构件进行了属性定义。定义原则:充分继承《地下管线探测技术规程》数据定义,并基于 BIM 环境和特点进行修改,以确保适应。

3. 图层属性

项目标准基于 BIM 三维环境,构件本身具有类别属性,可直接进行分析区分,无须设置图层。但为确保 BIM 数据与《地下管线探测技术规程》图层数据实现有效对应与转换,因此需对 BIM 添加对应图层属性,并按照对应图层命名进行赋值,如表 4.5 所示。

表 4.5　图层类型与命名表

类别	构件类型	中文名	图层属性
带状地形	点	带状地形线	TP_D
	线	带状地形线	TP_L
	注记	带状地形注记	TP_A
给水	点	给水点	JP_P
	线	给水线	JL_L
	注记	给水注记	JT_A
排水	点	排水点	PP_P
	线	排水线	PL_L
	注记	排水注记	PT_A
燃气	点	燃气点	MP_P
	线	燃气线	ML_L
	注记	燃气注记	MT_A
电力	点	电力点	LP_P
	线	电力线	LL_L
	注记	电力注记	LT_A
通信	点	通信点	DP_P
	线	通信线	DL_L
	注记	通信注记	DT_A
热力	点	热力点	RP_P
	线	热力线	RL_L
	注记	热力注记	RT_A
工业	点	工业点	GP_P
	线	工业线	GL_L
	注记	工业注记	GT_A

4.2.8　项目总结

　　本节以 ××× 隧道工程管线迁改工程开展设计、施工及竣工交付各阶段 BIM 技术应用研究，包括管线 BIM 模型的创建、碰撞分析、迁改模拟、工程量统计等应用，形成了地下管线全过程 BIM 应用体系，可供后续项目应用参考。此外，针对管线 BIM 建模效率低，项目工程量统计困难等问题，进行 BIM 工具二次开发，大幅提高了管线 BIM 应用的效率，为 BIM 技术在城市地下管线应用领域推广提供便利。

BIM 技术在城市地下管线迁改过程应用中，具有三维可视化呈现效果，为各方共同参与方案讨论提供便利，并为用户提供了二次开发的环境，可快速实现在管线迁改方面的应用。未来，依据 GIS 的空间地理信息与 BIM 的可视化、多专业信息集成特点，同时结合《××市城乡规划技术规定》和相关文件，将此 BIM 技术应用成果应用于该地区城市管线摸查工作。通过对地下管线 3D 模型快速创建、碰撞分析、实现模型自动生成、路由自动布设、工程量自动统计、快速计算迁改工程量，以及自动生成迁改估算与摸查报告等功能，可实现摸查工作的可视化与自动化，节约人工成本，提高效率与准确性。最终，使该地区地下管线摸查工作能够实现"方案可视化、工作自动化"。

4.3　"BIM+GIS"公路施工综合管理平台应用

公路交通是我国交通的重要组成部分，随着我国公路建设速度的不断加快，对公路工程项目管理提出了更高的要求。公路工程具有施工周期长、管理过程复杂的特点，传统二维纸质信息传递方式难以提供及时准确的数据，管理方式落后粗放，无法满足公路工程项目高效、精细化施工管理的要求，也无法适应现代项目管理信息化需求。BIM 技术可解决公路工程管理复杂、协调困难、信息传递效率低等问题，在公路工程施工管理应用中发挥重要作用。然而，当前 BIM 技术在公路工程领域的应用并不顺畅，具体原因如下：

第一，公路工程受路线线形影响，普遍具有结构异形的特点，BIM 建模难度大，模型精度、数据深度无法支撑 BIM 技术的深入应用。

第二，公路工程技术标准化程度高，BIM 在技术层面的支撑不够。公路工程涉及桥梁、路基、隧道、路面、交通安全、通信、绿化等多个专业（图 4.88），各专业间 BIM 应用除了受限于路线总图外，在空间上交叉程度较弱。此外，公路设计标准化程度高，图纸通常无须二次深化设计即可直接用于施工，因此公路工程项目对 BIM 前期图审、专业协同、深化设计等应用需求不强。

第三，公路工程对于 BIM 管理需求大于技术需求。公路工程具有规模大、路线长的特点（图 4.89）。常下设工区进行管理，项目管理人员难以通过现场快速了解全面的施工情况，信息传递效率低，管理信息的需求大。但当前 BIM 管理平台大多未结合实施管理流程，且进度、成本、质量数据割裂，这是 BIM 管理平台在公路工程中无法深入应用的根本原因。

因此，本节基于 S218 省道南昌安义县鼎湖镇湖溪村至石鼻镇联合村段公路改建工程项目，结合当前 BIM 应用基础和项目实践中的技术与管理需求，开展公路工程施工综合管理平台应用研究。通过道路线形创建精准的 BIM 模型，并搭建 BIM 6D（三维＋进度＋成本＋质量）管理平台，为后续公路工程 BIM 应用提供技术与管理参考。

图 4.88　公路工程各专业关系图　　　　　图 4.89　公路项目场地

4.3.1　项目概况与 BIM 应用准备

　　该项目地处南昌安义县安义古村，跨越南潦河，主线长 4.225km，昌铜高速安义出口匝道连接线长 0.393km，全线合计 4.618km，技术标准为一级公路。全线有新建全长 547.00m 的大桥一座，全长 25.5m 的中桥一座；全线设置涵洞 29 座。项目总投资为 1.86 亿元，于 2018 年 12 月开工，预计工期 24 个月。该项目 BIM 应用需贯通施工进度、成本、质量等维度，为确保 BIM 精细度与数据的统一，需开展的 BIM 前期准备工作如下：

　　1）统一项目坐标与高程系。同一个项目各模型应采用统一的坐标系、高程系，坐标系和高程系应与设计图纸一致，建模过程中设置项目基点为坐标原点。

　　2）统一模型架构与构件编码。公路工程项目应按照标段、单体进行模型构件的划分，单体划分的原则是依据里程段的桥梁、路基、路面、隧道、交通工程及沿线设施等专业进行划分，模型架构图如图 4.90 所示。如单体模型体量较大，可对单体按照分部分项原则进一步细分。此外，倾斜摄影也需按照标段每千米里程进行划分。构件编码主要用于识别构件，可与分部分项编码保持一致。

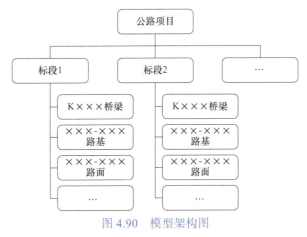

图 4.90　模型架构图

3）统一 BIM 构件属性。为确保基于设计图纸创建的 BIM 模型能贯通施工过程，模型构件需包含各自的分部分项与工程量属性数据，工程量需根据项目情况统一制定和命名，工程量命名需包含清单编码与工程量名称。

4）搭建 BIM 构件库。根据设计图纸与项目需求创建 BIM 构件库，如图 4.91 ～图 4.94 所示。在 BIM 模型的建立过程中，构件库具有重要的作用。对于建模中常规的构件，可以通过参数化控制调整同一类型构件的几何尺寸来节约建模时间。设计单位主要进行通用构件模型库的建立；施工单位的临时设施搭建都有标准化要求，可以建立临时设施构件库。

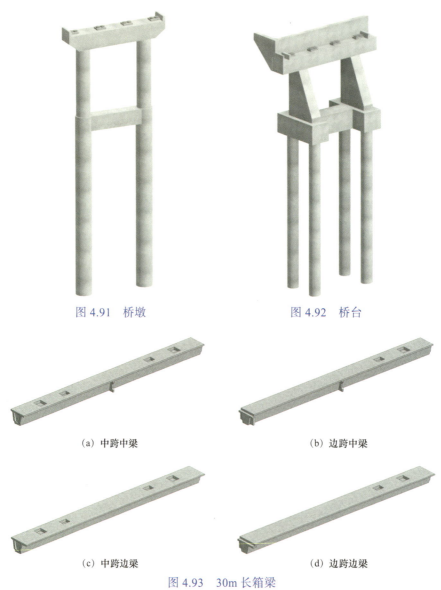

图 4.91　桥墩　　　　　　　　　　　　　图 4.92　桥台

（a）中跨中梁　　　　　　　　　　　　　（b）边跨中梁

（c）中跨边梁　　　　　　　　　　　　　（d）边跨边梁

图 4.93　30m 长箱梁

图 4.94　附属构件——桥面排水管支吊信号灯

4.3.2　基础数据搭建

该项目基础数据包括无人机倾斜摄影场地模型及路基、桥梁、路面、标线标牌等公路主体 BIM 模型，其中倾斜摄影场地模型通过无人机航拍，采用 ContextCapture Center 软件进行数据处理生成，路基模型采用 Autodesk Civil3D 创建，桥梁、路面、标线标牌等模型采用 Revit+HuiBIM 公路建模插件创建，软件配置见表 4.6。

表 4.6　软件配置表

序号	软件	软件功能
1	Autodesk Revit 2018	桥梁、涵洞、路面及沿线设施等族模型创建
2	Revit+HuiBIM 公路建模插件	路线线形建模，具有点模型、多点模型批量放置功能，以及制定断面线模型创建功能，可用于桥梁、涵洞、路面及沿线设施等模型放置
3	Autodesk Civil3D	路基建模
4	ContextCapture Center	无人机采集，地形地貌倾斜摄影建模

1.　倾斜摄影场地 BIM 建模

倾斜摄影场地模型是项目场地的宏观表达。该建模任务主要划分为航空摄影、控制点采集、空三加密（空三是指在做航空测绘时采用空中三角测量技术来获取地理信息）、模型提取、模型检查与修复、绘制等高线等。模型分辨率为 5cm，高程中误差 20cm，坐标、高程系统采用国家 2000 坐标系，中央子午线 116°、85 高程系统。倾斜摄影 + GIS 融合模型如图 4.95 所示。

图 4.95　倾斜摄影 +GIS 融合模型

2．公路路线模型搭建

路线线型是指确定路线的平面曲线、纵断面曲线及二者相结合的三维空间线形的总称。平面曲线根据线形计算方法分为交点法与线元法两种。交点法适用于标准曲线的计算，标准曲线由直线、缓和曲线与圆曲线组成，但不适用于 S 形、卵形等曲线的计算，具有一定的应用限制。线元法是将路线曲线分为四个基本线型，分别为直线、圆曲线、缓和曲线与不完整缓和曲线，由这四种曲线组合可构成 S 形、卵形曲线等任意设计曲线，具有较强的通用性，但是曲线要素计算较为复杂。该项目不涉及 S 形、卵形等曲线，因此采用交点法计算平面曲线。纵断面曲线包括直线坡、圆形曲线坡，采用交点法计算纵断面曲线。

根据项目设计图纸，整理平面、纵断面曲线的曲线要素（表 4.7、表 4.8），导入 HuiBIM 公路建模插件中（软件内嵌道路曲线计算算法），可为公路主体建模提供平面坐标、高程等定位数据。

表 4.7　平面曲线要素表

序号	交点里程	交点 X 坐标	交点 Y 坐标	半径 R/m	第一缓和曲线	第二缓和曲线
QD	K162+580	3182955.446	456404.082			
1	K162+842.126	3182969.644	456665.823	900	140	140
2	K163+976.463	3182673.099	457763.51	900	130	130
3	K164+949.64	3182138.691	458579.946	800	150	150
4	K166+271.212	3182113.128	459914.018	800	150	150
ZD	K166+804.5	3181869.155	460395.724			

表 4.8　纵断面曲线要素表

序号	里程	高程 H/m	半径 R/m
QD	K162+580	39.147	
1	K162+840	33.673	10000
2	K163+532	39	25000
3	K164+307	36.3	22000
4	K164+970	40.203	24000
5	K165+530	34.2	14000
6	K166+270	36.42	60000
7	K166+630	39.426	13000
ZD	K166+804.5	38.903	

3．路基土石方 BIM 建模

路基土石方分为挖方和填方，根据道路曲线与纵断面图，结合 Autodesk Civil3D+

Revit+HuiBIM 公路建模插件配合使用，通过输入参数快速准确搭建施工深化模型。Autodesk Civil3D 公路设计软件与传统公路设计软件最大的区别在于其动态关联性，平面、纵断面地面线、横断面、道路模型均相互关联，修改其中任何一部分，与之相关联的部分均会自动更新，调整较为方便、直观。导入原地面数据至 Autodesk Civil3D 中，并根据路线平、纵曲线创建路线道路路面。按照路基标准横断面创建道路，即可得到道路填挖方 BIM 模型，通过模型可以直观查看道路的挖填方情况，以及道路边坡与原地面相交的情况，如图 4.96 所示。

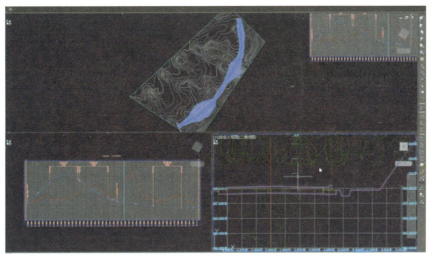

图 4.96　Autodesk Civil3D 道路建模

（1）桥梁 BIM 建模

该项目涉及两座桥梁，采用 Revit+HuiBIM 公路建模插件进行建模。先对桥梁构件按照点构件、多点构件、线构件进行分类。其中，点构件包括桩基、承台、系梁、墩柱、盖梁、桥台、垫石、支座等，可通过 HuiBIM 公路建模插件输入放置里程、偏角、偏距以进行准确放置；多点构件主要为预制箱梁模型、箱梁现浇段模型等，通过批量输入箱梁起止两个点的里程、偏距、偏角进行准确的放置；线构件包括桥面铺装、路面层、防撞墙等模型，通过设置轮廓、起止里程与轮廓间距，融合生成模型实体，图 4.97 和图 4.98 所示为两座桥的 BIM 模型。

图 4.97　K163+521 南潦河大桥 BIM 模型

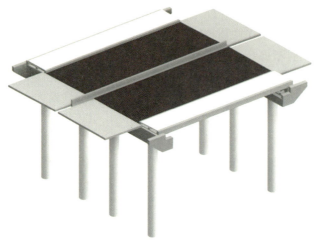

图 4.98　K165+213 罗溪中桥 BIM 模型（斜角 30°）

（2）涵洞 BIM 建模

该项目涵洞共 29 座，包括盖板涵、圆管涵与明板涵等类型。首先，根据设计图纸，以涵洞与道路中心线的交点作为项目原点，以交点的方位角作为 X 轴，搭建涵洞的局部坐标系，并采用 Revit 软件在该坐标系下创建整体涵洞模型，模型效果如图 4.99 所示。然后，采用 HuiBIM 公路建模插件快速建模。最后，通过设置坐标或里程偏距等数据将整体涵洞进行精准、快速的位置放置，完成涵洞的建模。

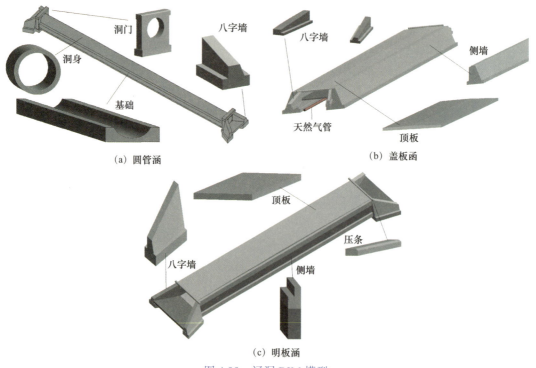

图 4.99　涵洞 BIM 模型

（3）路面与标识标牌 BIM 建模

路面面层采用 HuiBIM 公路建模插件中的中线模型创建方式进行创建，其中标识标牌、路灯等模型采用 HuiBIM 公路建模插件中的中点模型创建方式进行批量放置。创建完成的路面与标识牌的 BIM 模型如图 4.100 所示。

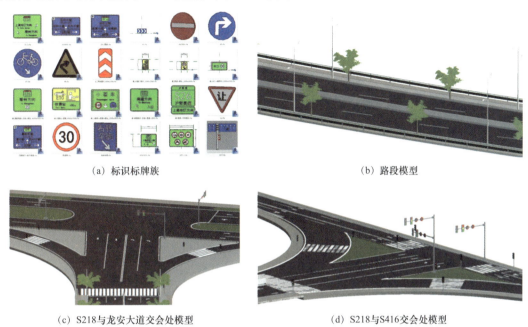

(a) 标识标牌族　　　　　　　　　　　　　　　(b) 路段模型

(c) S218 与龙安大道交会处模型　　　　　　　(d) S218 与 S416 交会处模型

图 4.100　路面与标识标牌 BIM 模型

4.3.3　BIM+GIS 数据协同平台的搭建

1. 平台总体目标

该项目是基于 S218 项目开展的 BIM 6D 平台研究，平台以 BIM 为关键技术，采用自主研发三维图形引擎，搭载智能轻量化算法，支持超大模型顺畅浏览，构建具有丰富属性的结构化底层 BIM 数据库，同时打通项目进度、成本、质量等多维度数据，实现 3D 模型与进度、成本、质量的 BIM 6D 数据一致性联动，从根本上解决数据无秩序性，减少数据流动的问题，改变了现场人员大量烦琐低效的工作模式。

2. 平台总体架构

该项目采用慧航云 BIM 协同管理平台，以 BIM 模型和互联网的数字化远程同步功能为基础，搭载 BIM+GIS 三维轻量化图形引擎，打通 BIM 与进度、费用、质量、安全管理等底层数据，实现图形与其他数据的无缝衔接与交互。平台支持 Web 端与手机端等多客户端。平台总体架构如图 4.101 所示。

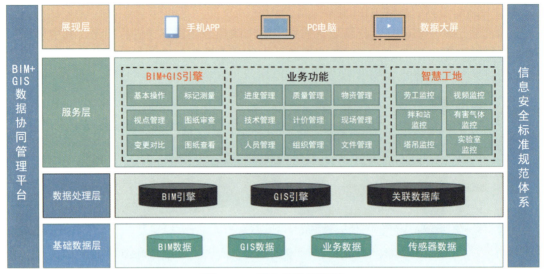

图 4.101　平台总体架构图

4.3.4　BIM+GIS 模型应用

1. BIM+GIS 三维轻量化图形引擎

BIM+GIS 三维轻量化图形引擎是该项目平台展示的核心功能，也是 BIM 平台应用落地的关键技术。该项目采用自主研发的三维轻量化图形引擎生成的效果图如图 4.102 和图 4.103 所示。首先，将 BIM 数据分离为图形数据、属性数据、构件结构化三个部分；然后，通过 LOD（levels of detail，多细节层次）模型与片模型的轻量化算法进行深度精简，生成超大体量 BIM+GIS 模型，该模型可以在普通配置的云端、PC端、手机端流畅浏览与协同工作，并支持主流建模软件生成的模型格式，可一键合成到同一个平台中进行应用，实现图形的存储从文件级升级到结构化数据库。支撑从电子化到数字化升级，为信息系统集成提供基础。

图 4.102　BIM+GIS 三维轻量化图形引擎效果图

图 4.103　BIM 模型引擎效果图

2．模型基本交互应用

基于集成化 GIS+BIM 图形引擎，开发 BIM 模型基本交互功能，使得用户在浏览模型与数据交互、查看等方面更为便捷。模型基本交互包括模型操作（漫游、显隐、剖切）、结构化构件树与构件属性等。

（1）模型操作

1）漫游（图 4.104）。平台支持第一人称漫游，以沉浸式直观的视角查看模型、浏览模型，在工作交底、问题协商等方面效果显著。

2）显隐（图 4.105）。在模型表达的过程中，常存在大量构件无法凸显重点的问题，平台搭载显隐功能，通过右键菜单中选择隐藏，能够实现对模型的隐藏，凸显构件重点。

图 4.104　第一人称漫游

图 4.105　模型显隐

3）剖切（图 4.106）。平台在模型查看方面支持类似 Revit 软件的剖切框，支持用户在模型上自由剖切。通过设置剖切框的范围，可对模型进行快速剖切，例如在查看机电管综模型时，能更加直观展示机电管线与结构的关系。

图 4.106 模型剖切

（2）结构化构件树与构件属性（图 4.107）

平台构件树按单体、分部分项、专业、构件进行拆分，结构清晰明了，通过点击构件树任意级的选择框，可将模型临时隐藏或显示，同时通过双击构件树可快速锁定模型位置，并亮显模型。通过构件树可快速查询构件的部位名称、几何信息、工程量信息、施工进度、质检资料、计量比例等完整数据，还可让整个 BIM 模型成为项目的结构化大数据基础，使信息查询变得更加便捷简单。此外，每个构件可生成独立二维码，通过移动端现场扫描可查询构件信息，并动态进行进度更新、质量验收等。

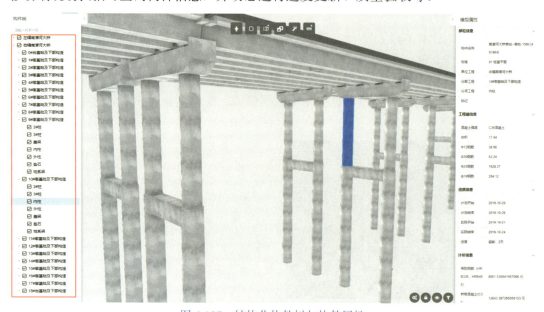

图 4.107 结构化构件树与构件属性

3．BIM 模型交底功能

基于 BIM 模型及内置数据，可为用户提供可视化的数据交底，提高交底效率。BIM 模型交底功能包括模型标记标注、视点管理与模型测量等功能。

1）模型标记标注（图 4.108）。平台针对当前市场主流三维图形引擎无法进行三维标注的难题，开发一套三维模型的标注系统，支持三维尺寸测量、文字注释、引线标识等标注功能，大幅提高了 BIM 模型的可用性。

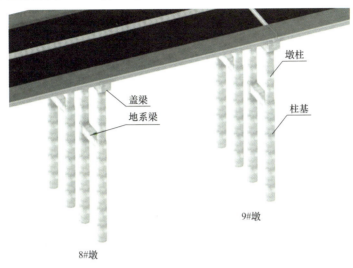

图 4.108　模型标记标注

2）视点管理（图 4.109）。平台支持对 BIM 模型查看视点保存，使用户交流过程中能够快速保存和还原问题所在位置、观察视角、剖切状态、文字尺寸标注内容等，极大提升各专业协同工作效率。通过视点功能在线提出问题与解决问题，形成形象化展示与在线工作流程，极大提高沟通效率。三维图形引擎支持视点的保存与分类管理，在现场交底、会议讨论等工作中可快速锁定交底部位。

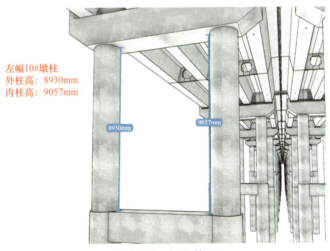

图 4.109　视点管理

3）模型测量（图 4.110）。平台支持在模型场景中自由测量构件尺寸、净高数据等。在施工交底、现场复核等工作中，可在平台上直接进行测量、复核。GIS 环境下，支持经纬度、长度、面积、体积等测量，可用于运距、取弃土等方面的数据应用。

(a) BIM 坐标高程测量　　　　　　　　(b) GIS 长度、面积测量

图 4.110　模型测量

4.3.5　BIM 进度管理

进度是项目管理的重要一环，对于产值、计量、质检的数据都需要以进度数据作为基础而贯穿整个周期。该项目平台支持前期进度计划编制、过程实际进度录入、BIM 进度形象展示与偏差分析等功能，实现进度 PDCA（计划、执行、检查、行动）动态管理。

1.　计划编制与实际进度录入

平台进度管理功能支持项目全过程进度管理，项目启动前可一键导入 Project、Excel 文件项目进度计划甘特图，并支持手动编制修改。进度任务可通过 WBS 与 BIM 模型进行匹配关联，从而实现进度与 BIM 模型数据的打通。在项目实施过程中，平台通过将进度任务与模型以及现场的工序流程进行关联，通过施工现场作业人员根据当日工序作业情况录入至进度管理平台，实现平台实际进度的动态更新，如图 4.111 所示。

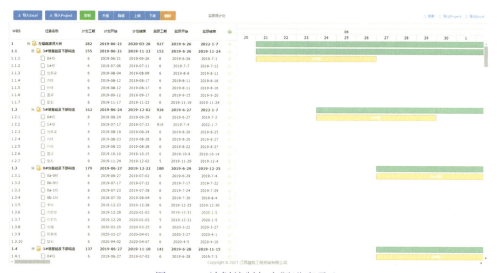

图 4.111　计划编制与实际进度录入

2．BIM 进度形象展示与偏差分析

通过细化施工计划，与模型结合并关联时间参数，能够模拟桥梁整体施工计划。通过形象的三维 BIM 模型，搭载不同的颜色方案，以 4D 的形式直观的展现出各阶段施工过程的进度计划、实际与偏差进度情况。通过对项目实际进度与计划进度的对比，可动态分析项目进度偏差情况，快速锁定延误或超前工作内容。该分析内容反映实际与计划的偏差，并且以最直观的模型形象展示，使项目管理人员可以清晰地了解整个工程进度，便于校核各工种的相互关系，保证工序的有效搭接，辅助施工单位对各作业单位进度交底、优化工序、合理安排资源，及时发现每个环节的重点、难点，从而科学、合理的制订可行的进度计划，如图 4.112 和图 4.113 所示。

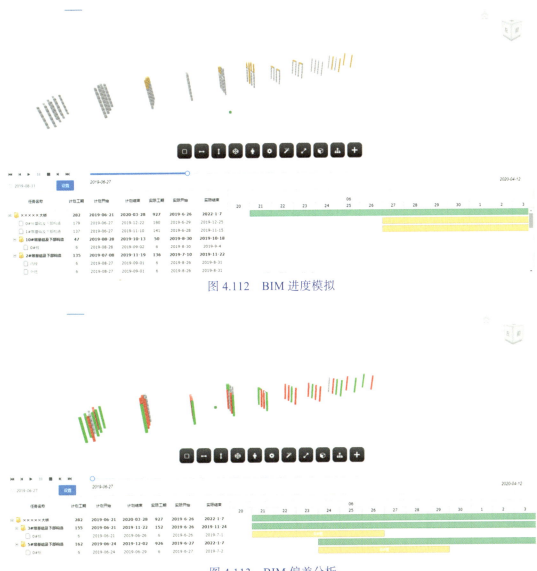

图 4.112　BIM 进度模拟

图 4.113　BIM 偏差分析

4.3.6 质检资料应用

质检资料作为工程质量检查第一手数据，是质量评估的关键。当前，质检资料存在填写工作量大、模板不统一等问题。该项目平台通过内置上千张标准化质检表单，对各类型构件的资料模板进行了归类整理。根据现场实际进度数据，自动生成资料待填写目录，如图 4.114 所示。同时，针对平台开发了在线质检资料的填写功能（图 4.115），须将各个表单统一的资料字段，如工程名称、施工进度等信息进行统一填写，避免重复填写工作，并内嵌审批流程与在线签章功能，实现资料无纸化填写、审批、签字和信息化存档。

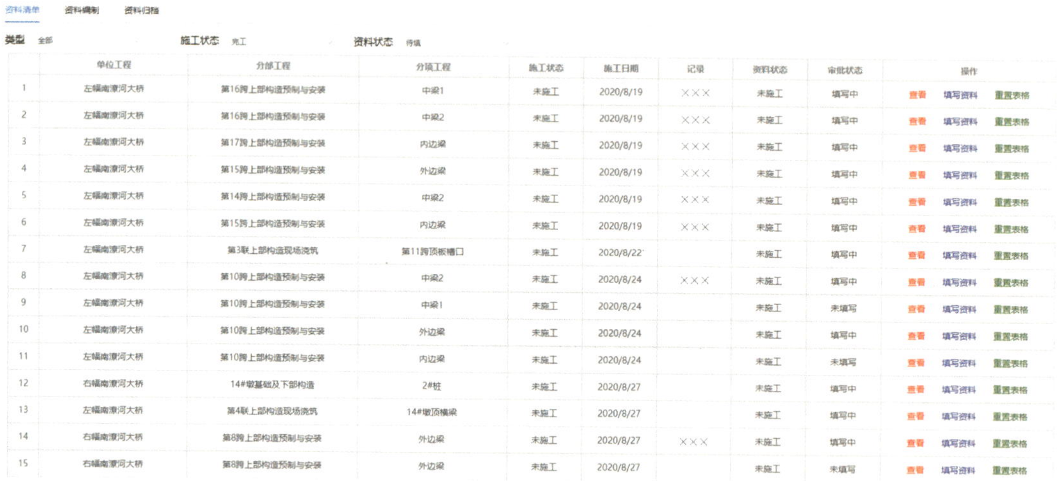

图 4.114 资料填写目录

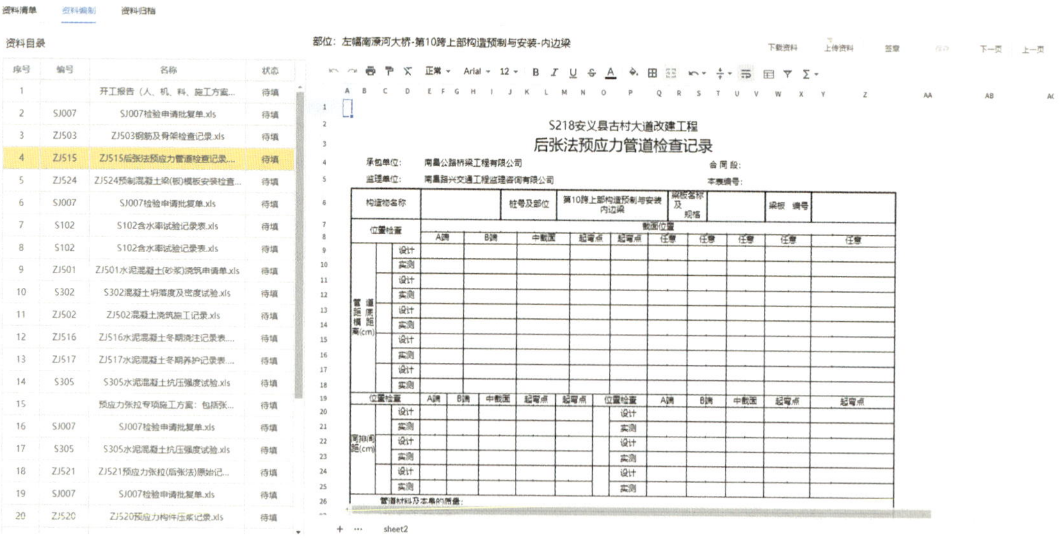

图 4.115 在线质检资料的填写

4.3.7　BIM 计量管理

1. 清单管理

项目清单是项目产值计算、计量计价的依据，该项目支持清单数据的快速导入，针对需要调整的目录或数据可进行增、删、改、查等操作，如图 4.116 所示。同时，通过 BIM 模型工程量编码与清单数据的快速匹配，从而实现 BIM 模型工程量与设计清单量的匹配核算。

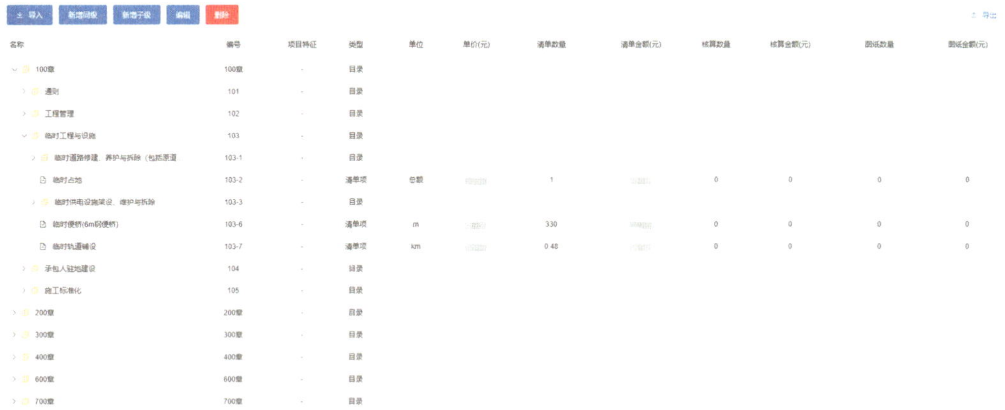

图 4.116　BIM 计量清单管理

2. 计量支付

计量支付是工程量、清单费用和产值计算数据的核心，是项目费用管理的关键数据（图 4.117）。传统计量支付，需人工检查项目进度、质检资料完成情况，并计算完工部位的工程量及所对应清单目录的费用，然后统计费用，填写中间交工证书。该过程烦琐、效率低下且易出错。BIM 应用平台提供了清单数据与 BIM 模型工程量自动匹配的功能，实现 BIM 模型从量到价的贯通。基于平台进度和质检资料数据，可自动计算周期范围内完工的部位、工程量和价格，并自动生成中间交工证书，大幅提高了计量支付的工作效率。

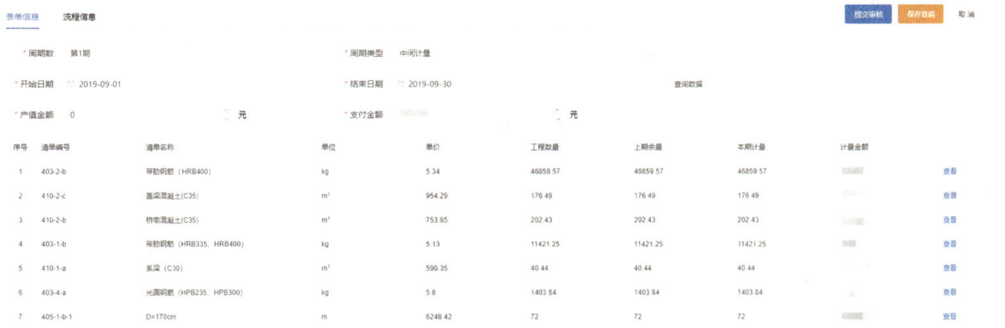

图 4.117　BIM 计量支付管理

3．产值模拟

根据计划进度与实际进度，可模拟该时间段的产值与工程量统计曲线，如图 4.118 所示。

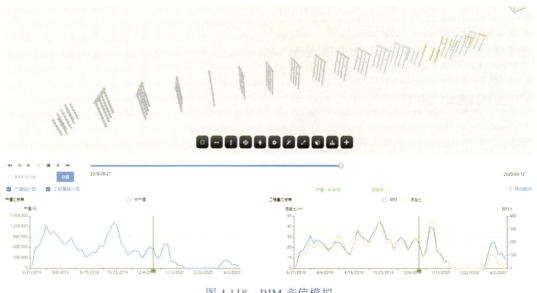

图 4.118　BIM 产值模拟

4.3.8　项目总结

该项目是基于 S218 省道安义县鼎湖镇湖溪村至石鼻镇联合村段公路改建工程项目，结合当前 BIM 应用基础和项目实践中的技术与管理需求，开展公路工程施工综合管理 BIM 应用研究，旨在建立健全 BIM 模型标准与应用标准，搭建 6D（三维＋进度＋成本＋质量）管理平台框架，为后续公路工程 BIM 应用与管理提供参考。

1）BIM 模型是该平台管理应用的信息基础。模型信息的准确性和丰富的结构化以及参数化信息质量的高低，是决定 BIM 平台能否真正得到快速应用的数据基础。

2）底层轻量化引擎的构建开发是决定在线轻量化浏览的技术核心。该平台以 BIM 技术为关键，采用自主研发三维图形引擎，内置轻量化算法，支持超大模型快速浏览。

3）该平台打通项目进度、成本、质量、技术等应用模块数据障碍壁垒，以构件级颗粒度为基本管理单元并贯穿整个项目管理，全面实现模型数据与各业务数据间的一致性联动。

装配式建筑 BIM 应用案例

装配式建筑是采用预制构件在工地装配而成的建筑，是建筑生产方式的重大变革，可推动绿色建筑发展，有利于促进建筑工业化与信息化深度融合，有利于节约资源能源、减少施工污染、提升劳动生产效率和质量安全水平，有利于培育新产业新动能、推动化解过剩产能，是推进建筑业结构性改革和新型城镇化发展的重要举措。近年来，装配式建筑受到了前所未有的重视，其推广应用已经被列入到国务院政府工作报告以及住房和城乡建设部"十四五"建设产业发展规划中。"到 2035 年，建筑业发展质量和效益大幅提升，建筑工业化全面实现。"BIM 技术具有三维可视化、多专业应用的特点，在装配式建筑深化设计、施工安装模拟与工业化管理等方面可发挥重要作用。

5.1 基于 BIM 的全装配预制混凝土项目正向设计应用

近年来，结构稳定、施工便捷的新型装配式结构体系不断提出。但一种新型装配式结构体系从提出到推广应用需要大量项目应用实践，这一过程耗时耗力、成本高昂，而且迭代缓慢，尤其预制结构与建筑、机电等其他专业的协同设计和施工问题的复杂性，极大影响了装配式结构体系发展。BIM 技术三维模拟解决了新型装配式结构体系在设计和施工中的问题，实现新结构的快速迭代，有效提高预制构件的深化设计和施工的合理性与精确性，极大促进装配结构体系发展。本章以某装配式混凝土建筑项目为例介绍BIM 技术助推该装配结构体系落地应用。

5.1.1 项目概况

该项目为某海外 PC（Precast concrete，预制混凝土）建筑保障房工程，如图 5.1 所示，共有 641 套保障房分布在 4#、55#、56# 共三个地块，项目总建筑面积 68338m²，共七种户型，见表 5.1。项目结构为整体剪力墙结构，楼板为无梁楼板。为加快施工进度，采用装配式建造方式，装配式结构体系采用预埋钢板 PC 剪力墙结构，该体系预制构件包括预制墙板、预制预应力空心板（SP 板），其中预制墙体采用钢板焊接代替现浇连接的方式，具有现场湿作业少，施工进度快等特点。该项目的预制率接近90%，因此机电管线均需预埋在预制构件内，对多专业协同设计要求较高，依靠传统二维图纸施工极易出现专业冲突问题，造成返工。该项目分为试验段与正式施工两个阶段，采用 BIM 技术进行装配式深化应用，提前模拟设计、安装，全面验证该体系的可行性。

图 5.1　海外 PC 建筑保障房项目效果图

表 5.1　项目户型及数量表

户型	单位	数量
一卧独栋（1B）	套	101
三卧独栋（3B）	套	88
四卧独栋（4B）	套	82
一卧双拼（1B1B）	套	73
二卧双拼（2B2B）	套	93
一卧三卧双拼（1B3B）	套	126
二卧四卧双拼（2B4B）	套	78

1. BIM 应用目标

该项目以 BIM 技术为核心，集成建筑、结构、机电各专业模型，通过三维可视化形式，直观展现深化方案成果，促进各方各专业人员协同交流，及时发现问题，实现PC 建筑深化设计方案的快速迭代。同时，通过优化 BIM 模型，实现装配式建筑正向深化设计与出图。

2．BIM 应用重难点分析

1）新型全装配式结构体系，施工难度大。该项目工期紧张，且三个地块相距各 100km 以上，现浇作业方式需投入大量的人工，为确保项目进度并控制成本，采用新型结构体系——全装配式剪力墙 PC 结构体系。该体系具有标准化集中生产，质量易于控制，现场湿作业少，施工进度快等特点。但该项目预制率高，对预制构件加工深化设计以及各专业协同工作与信息集成提出了更高的要求。目前，国内外没有可参照案例，如冒然实施，极易出错并造成不可挽回的损失。

2）功能方案变更频繁。该项目采用全装式配剪力墙 PC 结构体系，在过程中不断对功能方案论证与优化，方案变更频繁，且业主方功能性需求也在不断调整，这要求设计足够高效，以便适应不断变更的要求。

3）BIM 正向设计技术难度大。该项目预制构件深化加工图全部基于 BIM 模型直接出图，并由业主审核通过后方可交由施工方实施。因此，要求 BIM 模型高度精准，且对出图图面内容、标注、线性、比例等具有较高的要求，实施技术难度大。

5.1.2　BIM 应用前期策划

1．总体实施流程

根据 BIM 应用目标，制定该项目 BIM 总体实施流程，流程包括前期策划、整体 BIM 建模与图审、PC 深化 BIM 建模、PC 深化方案论证、PC 深化出图、施工指导、项目收尾等步骤，并明确每个步骤的信息输入和输出的成果，如图 5.2 所示。

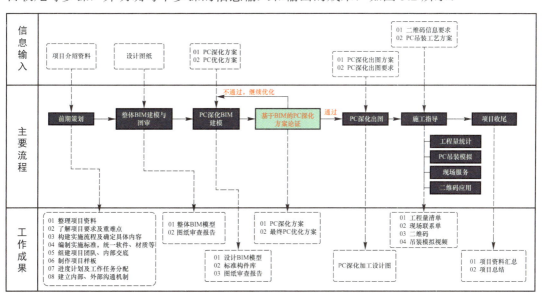

图 5.2　BIM 总体实施流程图

2. BIM 数据要求

该项目主体结构为全装配式，装配式构件包括预制构件及构件预埋件（如吊装埋件、支撑埋件等），这些构件在施工图设计阶段（即等同现浇阶段）不进行体现，在深化加工阶段除了准确尺寸与位置等几何信息，还应包含类型名称、材质、体积等必要属性信息。

3. PC 深化出图成果交付标准

PC 深化加工出图成果内容包括封面、目录、平面图、立面图、节点大样图、预制墙板加工图、楼板深化加工图、墙板钢筋做法等。其中，平面图包括墙板拆分图、楼板拆分图、基础灌浆孔平面图、MEP 预埋图等；预制墙板、楼板深化加工图按照构件类型分为 220mm 外墙板，150mm、100mm 内墙板；节点大样图包括保温板钢筋大样、连接件做法大样、插筋做法大样、灌浆孔做法大样等。该项目由于是海外项目，需出具英文图纸，为统一命名和出图标准，制定标准化图纸成果样式。图纸编码按照户型编码、图纸类别编码及图纸顺序编码组成。其中，户型编码见表 5.1，图纸类别编号对应的类型名称见图 5.3 中所对应 J0 ～ J4，图纸顺序编码按 01 ～ 99 排序。

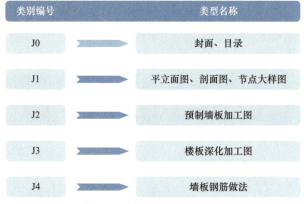

类别编号	类型名称
J0	封面、目录
J1	平立面图、剖面图、节点大样图
J2	预制墙板加工图
J3	楼板深化加工图
J4	墙板钢筋做法

图 5.3 图纸类别对应编码

4. 标准化构件族库

为确保在装配式建筑中 BIM 应用实现标准化，BIM 团队根据项目图纸与 BIM 应用要求，搭建标准化装配式构件族库，包括预制 SP 板、墙板支撑杆、钢板连接件等，如图 5.4 所示。预制墙板由于在新型装配式结构体系深化过程中变更频繁导致构造无法标准化，故未创建标准化预制墙板构件族，其在深化设计过程中通过拆分剪切创建。构件属性包含构件编号、安装位置、生产运输安装使用所需的辅助吊点与埋件、所使用材料的明细表等信息，可将模型作为建筑信息的虚拟载体进行相关计算、统计、分析。另外，构件模型需设置三维实体、二维出图两种形式，以适应项目三维可视化浏览与正向二维出图应用需求，如图 5.5 所示。

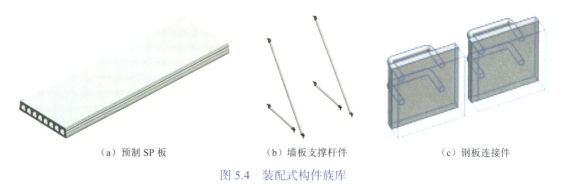

（a）预制 SP 板　　　　（b）墙板支撑杆件　　　　（c）钢板连接件

图 5.4　装配式构件族库

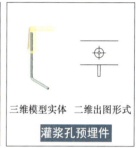

三维模型实体　　　二维出图形式　　　三维模型实体　二维出图形式　　　三维模型实体　二维出图形式

预制SP板　　　　　　　**墙顶插筋**　　　　　　　**灌浆孔预埋件**

图 5.5　三维可视化浏览与二维出图

　　参数化设计是 BIM 设计效率提高、建模工作量降低、适应性增强、灵活可变的必然选择。预制构件族的参数化根据构件种类特点，将特定数据参数赋予模型构件，构件变化可直接通过数字驱动模型进行改变，同时相应的数据信息也会改变。此外，构件族设置了必要的参数信息和嵌套，可极大提高构件族的适应性，提高建模效率。图 5.6 所示为预埋钢板嵌套族，一面墙体预埋 3 个，卫生间凸起墙体预埋 4 个，间距均为 1m，通过设置嵌套族数量控制预埋钢板的数量。图 5.7 所示为墙支撑杆嵌套族，内嵌了支撑杆、支撑杆预埋件等族，可适应对不同墙长、墙厚等墙体的支撑，并可设置中间杆的可见性，用于支撑长度小于 1.5m 的墙体。

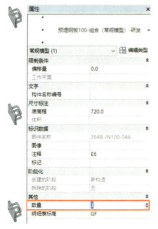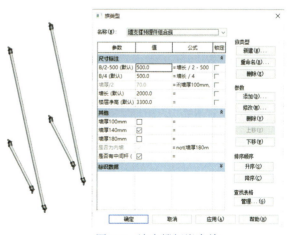

图 5.6　预埋钢板嵌套族　　　　　　　　图 5.7　墙支撑杆嵌套族

5.1.3　整体建模与图审

1．全专业整体建模

装配式建筑深化设计前，采用 Revit 软件对七种户型等同现浇的建筑、结构和机电全专业 BIM 模型进行搭建，精度达 LOD300（LOD，level of detail，模型精度等级），并将各户型各专业模型进行集成，如图 5.8～图 5.14 所示。

图 5.8　1B-1B 户型 BIM 模型

图 5.9　2B-2B 户型 BIM 模型

图 5.10　1B-3B 户型 BIM 模型

图 5.11　2B-4B 户型 BIM 模型

图 5.12　1B 户型 BIM 模型

图 5.13　3B 户型 BIM 模型

图 5.14　4B 户型 BIM 模型

2．图纸审查

通过 BIM 技术集成，整体设计各专业模型，可直观查看各专业间的碰撞，同时检查图纸错、漏、碰、缺等问题，提前规避设计功能缺陷，避免整体设计问题流向深化设计和施工过程中。经过图审共发现 37 处问题，其中设计问题 4 处，图面不一致问题 10 处，信息图纸表达不清的问题 23 处（图纸为鉴字盖章后的 PDF 扫描件，清晰度不够），将问题收集并整理成图纸问题报告。设计问题如图 5.15 所示，卫生间凸起墙体处楼板一处无支撑；图面不一致问题如图 5.16 所示，卫生间屋顶为不上人屋顶，但结构断面凸起处存在升高女儿墙，存在冲突；信息图纸表达不清问题如图 5.17 所示，该图为三卧单拼结构平面图，B 轴有 10mm 的尺寸标注，PDF 图纸无法确定标注在什么位置。

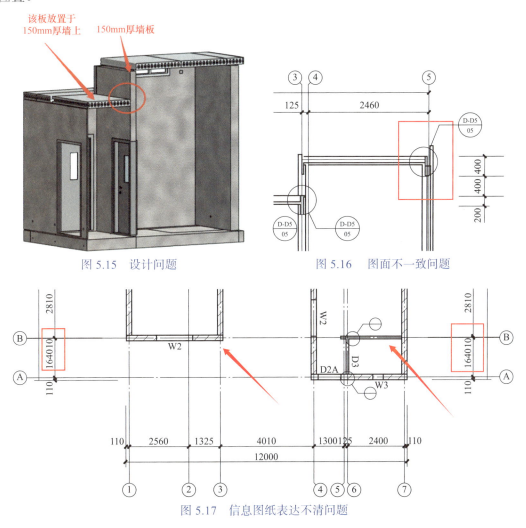

图 5.15　设计问题　　　　图 5.16　图面不一致问题

图 5.17　信息图纸表达不清问题

5.1.4　BIM 正向深化设计

1．BIM 拆分设计

装配式建筑深化设计需对结构整体进行拆分，使之形成独立的部分。拆分设计过程应符合国家规定的相关标准及工厂生产设计要求，尽量减少装配构件的数量与种类，方便工厂加工与现场施工。预制墙板采用现场预制安装，构件尺寸根据受力与台模要求，尺寸不得大于 3.7m×4.2m，如图 5.18 所示。同类构件尺寸尽量保持一致，尤其是锚筋距一端布置间距尽量保持一致，方便模板重复利用。预制墙板之间预留缝宽 20mm，拆分点位应避开机电管道、电气点位位置。图 5.19 所示为 1B-1B 户型墙板拆分模型。

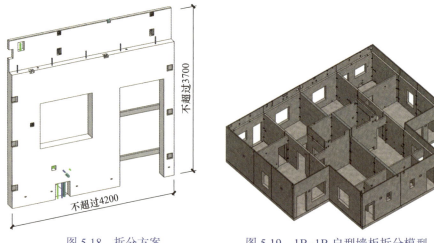

图 5.18　拆分方案　　　　　图 5.19　1B-1B 户型墙板拆分模型

预制楼板采用成品 SP 预制板，拆分方案如图 5.20 所示，标准宽度为 1200mm，SP 板板跨方向搭接在墙体上，搭接距离 55mm。图 5.21 所示为 1B-1B 户型楼板拆分模型。

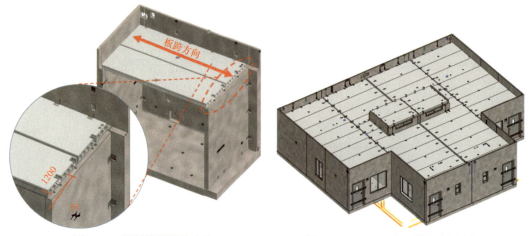

图 5.20　预制楼板拆分方案　　　　　图 5.21　1B-1B 户型楼板拆分模型

2．土建构件深化设计

构件深化过程是对拆分的预制构件进行土建专业深化、机电专业深化与预留预埋等工作，通过深化使之成为一个独立的完整构件，并满足在安装过程中连接与功能需求。该项目土建专业深化包括预制墙板深化与预制 SP 板深化。其中，预制墙板深化内容包括灌浆套筒预埋、墙顶插筋预埋、吊装点预埋件、支撑杆预埋件、钢板连接预埋件、门钢支撑等，如图 5.22 所示。预制 SP 板由于采用成品 SP 预制板，机电设备、管线采用后装的方式，因此深化内容重点为预留洞口和槽口，如图 5.23 所示。

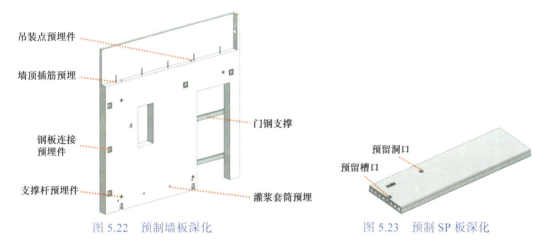

图 5.22　预制墙板深化　　　　　　　　图 5.23　预制 SP 板深化

（1）灌浆孔、插筋布置方案

灌浆孔、插筋布置间距不大于 800mm，如图 5.24 所示。为降低预制台模转孔难度，深化尽量按 800mm 设计，外墙墙厚方向按距墙内边 75mm 布置，内墙墙厚方向居中布置。插筋布置应避开水施、暖通管道，以及机电预留洞口、墙板拆分点与吊装预埋件。

（2）吊装点预埋件布置方案

墙板吊装点预埋件按墙板重心布置两个吊装点，吊装点间距为墙长的 55%。图 5.25 所示为长度 3755mm 墙体，其吊装点间距约为 2065mm。外墙板吊装点预埋件在墙厚方向按距墙内边 90mm 布置，内墙板吊装点预埋件在墙厚方向居中布置。不同墙板，采用的吊装预埋件型号不同，其中 220 外墙吊装预埋件采用螺纹钢套筒 M30×300；150 内墙吊装预埋件采用螺纹钢套筒 M24×300；100 内墙吊装预埋件采用螺纹钢套筒 M20×300。

（3）支撑杆预埋件布置方案

支撑杆预埋件布置方案如图 5.26 所示，按墙高 300mm、2500mm 布置两道，共四个支撑杆预埋件，支撑杆预埋件距墙边按 300mm/500mm 布置。当墙板长（B）超过 2m，距墙边 500mm；当墙板长（B）小于 2m，距墙边 300mm。

（4）钢板预埋件布置方案

钢板预埋件用于墙板间水平方向连接作用，如图 5.27 所示，墙板连接分为 L 形、T 形、一字形三种形式。钢板预埋件竖向方向布置距底 500mm，向上每隔 1m 布置一个。

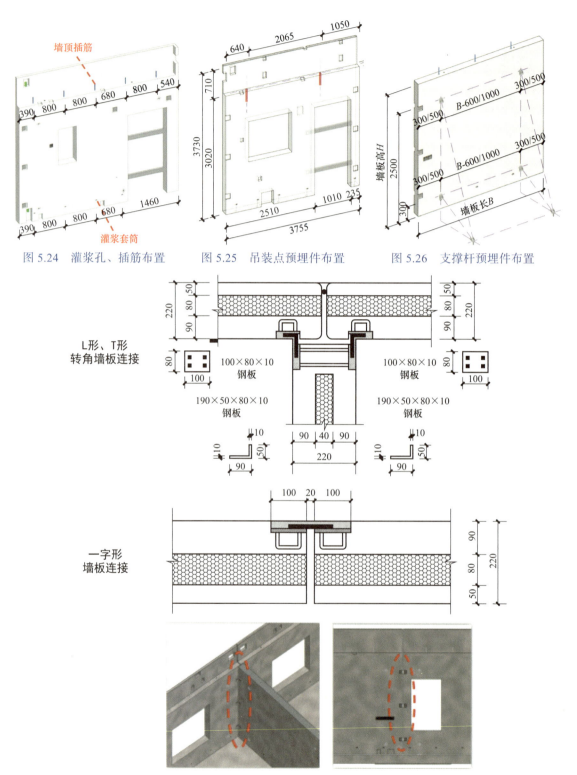

图 5.24　灌浆孔、插筋布置　　图 5.25　吊装点预埋件布置　　图 5.26　支撑杆预埋件布置

图 5.27　钢板预埋件与墙板连接形式

（5）门洞钢支撑预埋件布置方案

门洞钢支撑预埋件用于钢支撑安装，主要目的是提升门洞处构件的刚度，避免吊装过程中门洞处发生构件断裂等问题。钢支撑根据门垛宽度不同有两种布置方案，具体如下：

1）门垛宽度小于 100mm，采用 45°斜撑，如图 5.28 所示，共设置 2 个 M20×80mm 预埋件。

2）门垛宽度大于 100mm，采用双支撑，如图 5.29 所示，第一道支撑距离底部 500mm，第二道距离第一道 1000m，共设置 4 个 M20×80mm 预埋件。

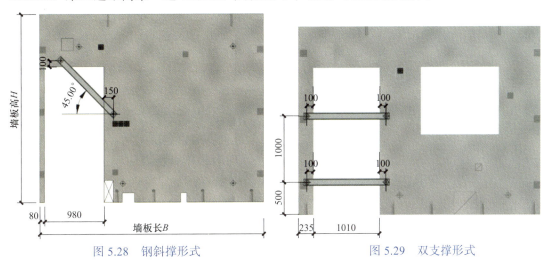

图 5.28　钢斜撑形式　　　　　　　　　图 5.29　双支撑形式

（6）SP 楼板洞口预留深化方案

预制 SP 板在 BIM 模型中会与室内照明灯具和穿线管、墙顶插筋连接节点、内墙墙顶通气管、线管等进行洞口预留。如图 5.30 所示，灯具预留尺寸洞口为 86mm×86mm×150mm；如图 5.31 所示，墙顶锚筋节点预留槽口尺寸为 100mm×100mm×120mm，内墙墙顶通气管、线管等伸出屋顶管道位置预留洞口尺寸为 80mm×80mm×150mm。

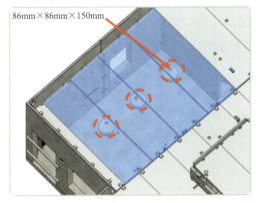

图 5.30　灯具洞口预留

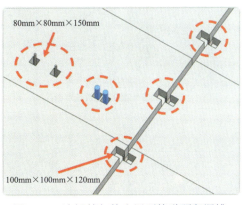

图 5.31　墙插筋与伸出屋顶管道预留洞槽

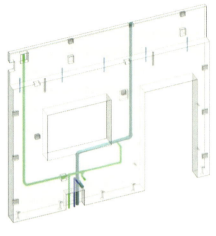

图 5.32　厨房处预制墙板管线预埋

3.机电深化设计

该项目机电深化内容按专业划分分为水施、暖通、电气三大专业，机电管线均采用暗埋的方式预埋至预制墙体内部，图 5.32 所示为厨房处预制墙板管线预埋。

（1）水施专业深化方案

水施管道包括给水管、热水管、污水管、通气管，主要分布在卫生间、厨房区域。水施管道深化分为以下两步。

1）位置复核：针对每个预制构件，以设计水施点位为依据，复核构件内的管道位置，并优化碰撞问题。

2）预留管道连接洞槽：针对预制墙板内的管道与外部连接处，应预留操作空间。其中，预制构件内管道与基础管道连接，墙底预留洞口尺寸为 350mm×350mm×130mm；管道与屋面管道连接，墙顶预留洞口尺寸为 150mm×200mm×75mm；通气管伸至女儿墙顶连接通气帽，墙顶预留洞口尺寸为 80mm×80mm×75mm。图 5.33 所示为厨房与卫生间水施管道深化。

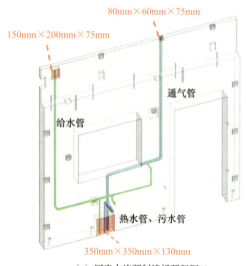

（a）厨房水施预制墙板预留洞口

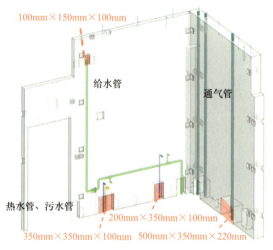

（b）卫生间水施预制墙板预留洞口

图 5.33　厨房与卫生间水施管道深化

（2）暖通专业深化方案

该项目暖通管道主要涉及空调的冷凝管、冷媒管等管道，主要分布在卧室、客厅等区域。暖通管道深化分为以下两步。

1）位置复核：针对每个预制构件，以设计暖通点位为依据，复核预制构件内的管道位置，并优化碰撞问题，如图 5.34（a）所示。

2）预留管道连接洞槽：针对预制墙板内的管道与外部连接处，应预留操作空间。如图 5.34（b）所示，冷凝管与基础管道连接，墙底预留洞口尺寸为 150mm×350mm×100mm；冷媒管与空调内机连接，墙中预留洞口尺寸为 200mm×200mm×80mm。

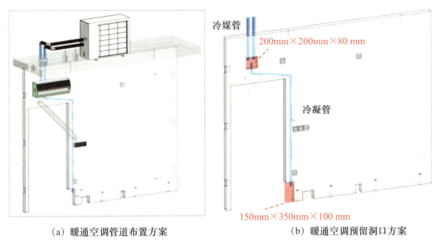

（a）暖通空调管道布置方案　　　　　　（b）暖通空调预留洞口方案

图 5.34　暖通管道深化

（3）电气专业深化方案

该项目电气专业线管涉及照明、配电、电话通信、网络、电视信号等系统管道，分布在各个区域。电气专业深化流程如图 5.35 所示，分为点位定位、线管排布与洞口预留三步。

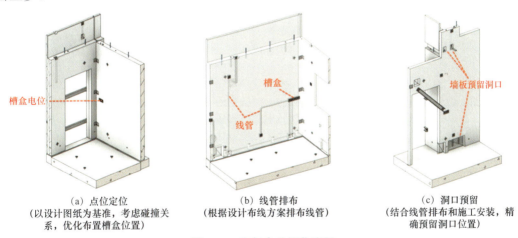

（a）点位定位　　　　　　（b）线管排布　　　　　　（c）洞口预留
（以设计图纸为基准，考虑碰撞关系，优化布置槽盒位置）　（根据设计布线方案排布线管）　（结合线管排布和施工安装，精确预留洞口位置）

图 5.35　电气专业深化流程

1）点位定位：该项目电气点位根据设计图纸的点位进行精准放置，共包括灯具开关、插座、空调内机、室外壁灯、屋面电气点位、配电箱等，如图 5.36 所示。其中，灯具主要在预制 SP 板处预留孔洞以便后期安装；插座、室外壁灯与屋面电气点位在墙体对应位置以预埋线盒的方式进行深化，如图 5.37 所示；配电箱根据配电箱尺寸，采用 500mm×1830mm×130mm 预留槽的方式进行深化，如图 5.38 所示。

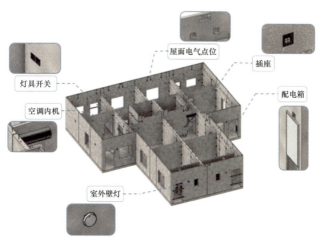

图 5.36　电气专业深化点位定位

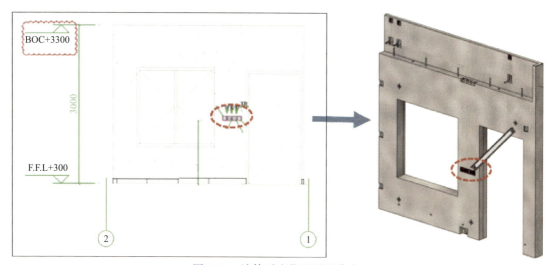

图 5.37　墙体对应位置预埋线盒

图 5.38　配电箱预留槽

2）线管排布：根据电气设计图纸确定线管走线路由，计算每个机电点位之间连接的管线数量和管径，并合理优化线管排布方式。图 5.39 所示为线管排布优化图，线管走线避让预埋件，并优化路径，减少管线的布设，使走线更合理。

3）洞口预留：根据走线方式，从地面走墙的管线，在预制墙体底部预留洞口；从屋面走墙的管线，在墙顶部和楼板连接处预留洞口，如图 5.40 所示。洞口尺寸依据墙身厚度及线管数量确定，线管数量越多，开洞尺寸越大。

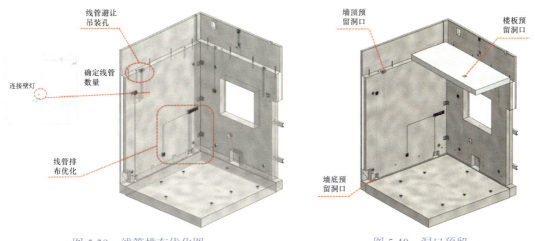

图 5.39　线管排布优化图　　　　　　　　图 5.40　洞口预留

5.1.5　深化方案论证与优化

装配式建筑 BIM 正向深化设计完成后，开展深化设计方案论证，并对原设计方案从施工预制便利性与节省材料等方面进行优化。

1. 专业间碰撞优化

◆案例一：墙板拆分

问题：双拼户型卫生间位于中间位置，为保证采光要求，卫生间四周墙体升高0.8m，并设置窗口。原设计凸起墙整体预制，导致外侧 SP 板无处搭接，无法安装，如图 5.41（a）所示。

优化：将原整体预制的凸起墙体修改为竖向分段预制，分为上下两段墙体。下端墙体顶部预留 100mm×160mm 的槽口，用于 SP 板搭接，避免墙板返工整改，如图 5.41（b）所示。

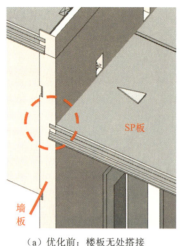
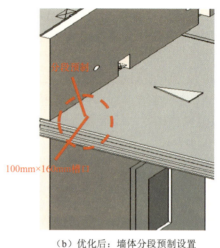

（a）优化前：楼板无处搭接　　　　（b）优化后：墙体分段预制设置

图 5.41　卫生间凸起墙碰撞优化

◆案例二：支撑杆预埋件碰撞

问题：原设计方案根据墙长确定，距墙边 300mm 或 500mm 布置墙板支撑杆预埋件，经过碰撞检查发现，在墙角位置相邻杆交叉处存在碰撞，如图 5.42（a）所示。

优化：通过调整墙板支撑杆预埋件距离或高度，避免杆间碰撞，减少施工过程现场钻孔工作，如图 5.42（b）所示。

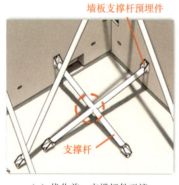

（a）优化前：支撑杆件碰撞　　　　（b）优化后：调整支撑杆避免碰撞

图 5.42　支撑杆碰撞问题优化

◆案例三：管道间冲突调整

问题：卫生间 150mm 厚墙板内预埋的 $\phi32$ 给水管与 $\phi50mm$ 的污水管存在碰撞，如图 5.43（a）所示。

优化：将给水管管道位置上翻 200mm 避开污水管，满足管道在墙内预埋，避免现场管线安装碰撞问题，如图 5.43（b）所示。

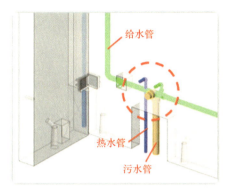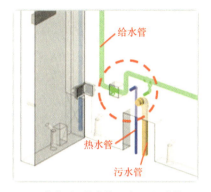

（a）优化前：给水管与污水管碰撞　　　　（b）优化后：给水管上移避开污水管

图 5.43　预制墙体管道预埋管碰撞

◆案例四：机电管道与 SP 板碰撞

问题：卫生间墙板预埋通气管伸出屋顶，与 SP 板碰撞，施工时易造成 SP 板难以安装，如图 5.44（a）所示。

优化：对 SP 板与通气管冲突位置预留 100mm（宽）×50mm（深）的洞口，避免现场后期安装冲突问题，如图 5.44（b）所示。

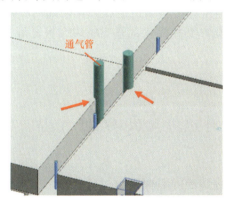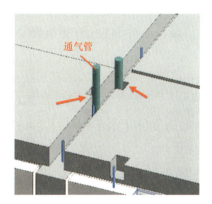

（a）优化前：通气管与 SP 板位置冲突　　　　（b）优化后：SP 板预留洞口

图 5.44　预制墙体管道与 SP 板碰撞

2．便于施工预制优化

◆案例五：SP 板预留槽口布置与插筋位置调整

问题：原设计方案墙顶插筋位置布置在 SP 板的预留槽口处，存在多处槽口介于两块 SP 板之间，增加 SP 板预制工作量，如图 5.45（a）所示。

优化：在满足插筋间距不超过 800mm 原则下，结合 SP 板优化调整插筋位置，减少七种户型共计 3033 个槽口预留开洞，如图 5.45（b）所示。

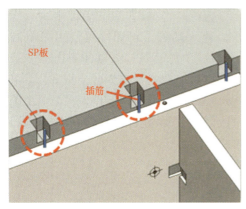
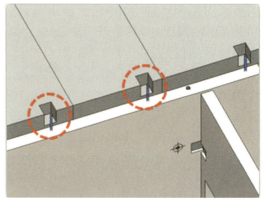

（a）优化前：槽口介于两板之间　　　　　　　　（b）优化后：插筋位置调整

图 5.45　SP 板预留槽口布置与插筋位置调整

◆**案例六：墙板拆分形状优化**

问题：单拼户型卫生间墙体凸起，其余 T 形连接的墙体原连接方案如图 5.46 所示。该墙板拆分会伸出一段 100mm 距离，该伸出段由于受顶部 800mm 女儿墙影响，形状较为复杂，预制加工难度较大，不便施工。

优化：将拆分点调整至与 T 形连接的墙体平齐，将墙板形状简化，如图 5.47 所示。经优化后，墙板预制加工生产更为简易。七类户型共优化调整 271 块墙板，可节省墙板预制时间。

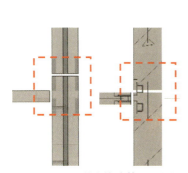
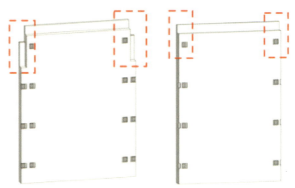

图 5.46　T 形连接墙体立面图　　　　　　图 5.47　卫生间凸起墙体优化前后对比

◆**案例七：卫生间通气管与吊装预埋件软碰撞问题**

问题：按照原深化设计方案，布置吊装点与卫生间 φ50 通气管净距为 18mm，吊点连接件直径为 95mm，影响施工过程中构件的吊装，如图 5.48（a）、（b）所示。

优化：在满足管道安装前提下，调整通气管管道位置，左移 420mm。优化后，吊装点净距为 320mm，如图 5.48（c）所示，满足吊装点安装。七类户型优化 22 处，共2022 块墙板，可节省拆改费用。

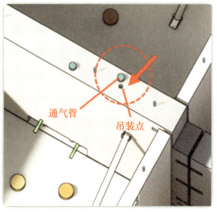
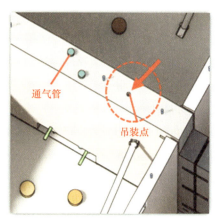

（a）旋转吊件   （b）优化前：吊点位置影响构件吊装   （c）优化后：吊点位置满足吊装要求

图 5.48   卫生间通气管与吊装预埋件软碰撞

3. 节省材料优化

◆ 案例八：机电管线排布

问题：客厅空调线路按配电箱→空调开关→空调内机→屋顶空调外机的顺序连接，原设计方案中，配电箱到空调开关后向下走地面连接空调内机，再返回地面接入空调外机开关墙体伸向屋顶，走线复杂，且需要在墙体预埋，如图 5.49（a）所示。

优化：调整空调线路，从开关直接接向屋顶，再由屋顶连接空调内机和外机，如图 5.49（b）所示。经过优化，大大简化管线线路，便于现场施工安装。七类户型同类问题合计节约管线材料 7824m。

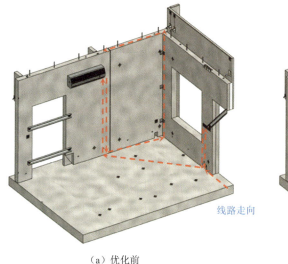
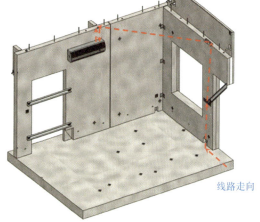

（a）优化前   （b）优化后

图 5.49   线管路径优化

5.1.6 BIM 深化设计出图

装配式建筑深化设计方案通过 BIM 模型直观展示并充分论证优化后，开展 BIM 正向深化出图。装配式建筑深化加工出图内容包括封面、平面图、立面图、大样图、预制墙板加工图、预制楼板加工图等，图纸细化如图 5.50 所示。

图 5.50 装配式建筑深化设计出图框架

该项目深化图纸全部基于 Revit 模型直接出图，其中目录根据明细表中图纸清单创建，平面图、立面图、剖面图、大样图均采用对应视图创建，预制 SP 板、预制墙板采用部件的方式进行图纸创建，部分图纸成果如图 5.51 所示。

5.1.7 现场预制与施工

1. 基础管道预埋

依据 BIM 模型导出预埋 MEP 管道精准定位图，现场参照 BIM 图纸进行基础管道预埋，如图 5.52 所示。

2. 墙板预制加工

依据 BIM 模型导出墙板定位图（三维图、加工图），现场参照 BIM 图纸进行管道、管线、连接件预埋，现场墙板预制加工如图 5.53 所示。

3. 墙板吊装

依据 BIM 模型模拟墙板吊装顺序，进行优化后，现场进行预制构件的吊装施工安装，如图 5.54 所示。

保障性住房计划
三期–装配式

施工图设计
1B–1B 半独立别墅

中国水电建设集团国际工程有限公司

2019年12月

图 5.51　图纸成果

图纸目录

NO.	标题	DWG.NO.	SIZE	REMARKS
1	封面	1B1B-J0-00		
2	目录	1B1B-J0-01		
3	基础预留预埋布置图	1B1B-J1-01		
4	基础机电预埋布置图	1B1B-J1-02		
5	预制墙构件平面布置图	1B1B-J1-03		
6	预制板构件平面布置图	1B1B-J1-04		
7	屋顶预留预埋布置图	1B1B-J1-05		
8	A～D剖面图	1B1B-J1-06		
9	节点大样详图1	1B1B-J1-07		
10	节点大样详图2	1B1B-J1-08		
11	节点大样详图3	1B1B-J1-09		
12	外墙板EX220-1	1B1B-J2-01		
13	外墙板EX220-1A	1B1B-J2-02		
14	外墙板EX220-2	1B1B-J2-03		
15	外墙板EX220-2A	1B1B-J2-04		
16	外墙板EX220-3	1B1B-J2-05		
17	外墙板EX220-3A	1B1B-J2-06		
18	外墙板EX220-4	1B1B-J2-07		
19	外墙板EX220-4A	1B1B-J2-08		
20	外墙板EX220-5	1B1B-J2-09		
21	外墙板EX220-5A	1B1B-J2-10		
22	外墙板EX220-6A	1B1B-J2-11		
23	外墙板EX220-6	1B1B-J2-12		
24	外墙板EX220-7	1B1B-J2-13		
25	外墙板EX220-8A	1B1B-J2-14		
26	外墙板EX220-7A	1B1B-J2-15		
27	外墙板EX220-8	1B1B-J2-16		
28	内墙板IN100-1	1B1B-J2-17		
29	内墙板IN100-1A	1B1B-J2-18		
30	内墙板IN100-2	1B1B-J2-19		
31	内墙板IN100-2A	1B1B-J2-20		
32	内墙板IN100-3	1B1B-J2-21		
33	内墙板IN100-3A	1B1B-J2-22		
34	内墙板IN100-4	1B1B-J2-23		
35	内墙板IN100-4A	1B1B-J2-24		

图纸目录

NO.	标题	DWG.NO.	SIZE	REMARKS
36	内墙板IN100-5	1B1B-J2-25		
37	内墙板IN100-5A	1B1B-J2-26		
38	内墙板IN150-1	1B1B-J2-27		
39	内墙板IN150-1A	1B1B-J2-28		
40	内墙板IN150-2	1B1B-J2-29		
41	内墙板IN150-2A	1B1B-J2-30		
42	内墙板IN150-3	1B1B-J2-31		
43	内墙板IN150-3A	1B1B-J2-32		
44	内墙板IN150-4	1B1B-J2-33		
45	内墙板IN150-4A	1B1B-J2-34		
46	内墙板IN150-5	1B1B-J2-35		
47	内墙板IN150-5A	1B1B-J2-36		
48	内墙板IN220-1	1B1B-J2-37		
49	内墙板IN220-2	1B1B-J2-38		
50	内墙板IN220-3	1B1B-J2-39		
51	内墙板IN220-4	1B1B-J2-40		
52	屋顶预制空心板(1)	1B1B-J3-01		
53	屋顶预制空心板(2)	1B1B-J3-02		
54	屋顶预制空心板(3)	1B1B-J3-03		
55	屋顶预制空心板(4)	1B1B-J3-04		
56	屋顶预制空心板(5)	1B1B-J3-05		
57	屋顶预制空心板(6)	1B1B-J3-06		
58	屋顶预制空心板(7)	1B1B-J3-07		
59	屋顶预制空心板(8)	1B1B-J3-08		
60	屋顶预制空心板(9)	1B1B-J3-09		
61	屋顶预制空心板(10)	1B1B-J3-10		
62	屋顶预制空心板(11)	1B1B-J3-11		
63	节点大样图4	1B1B-J4-01		
64	外墙板典型钢筋图(1)	1B1B-J4-02		
65	外墙板典型钢筋图(2)	1B1B-J4-03		
66	外墙板典型钢筋图(3)	1B1B-J4-04		
67	220普通墙典型钢筋图(4)	1B1B-J4-05		
68	150内墙典型钢筋图(5)	1BJB-J4-06		
69	150内墙典型钢筋图(6)	1B1B-J4-07		
70	100内墙典型钢筋图(7)	1B1B-J4-08		

中国水电建设集团国际工程有限公司
中国北京海淀区车公庄西路22号

项目编号：DHP-W3-JAZAN-BESH 83

图别	预制图	图幅	说明
阶段	施工设计图	日期 2020.12.9	对开

图 5.51 （续）

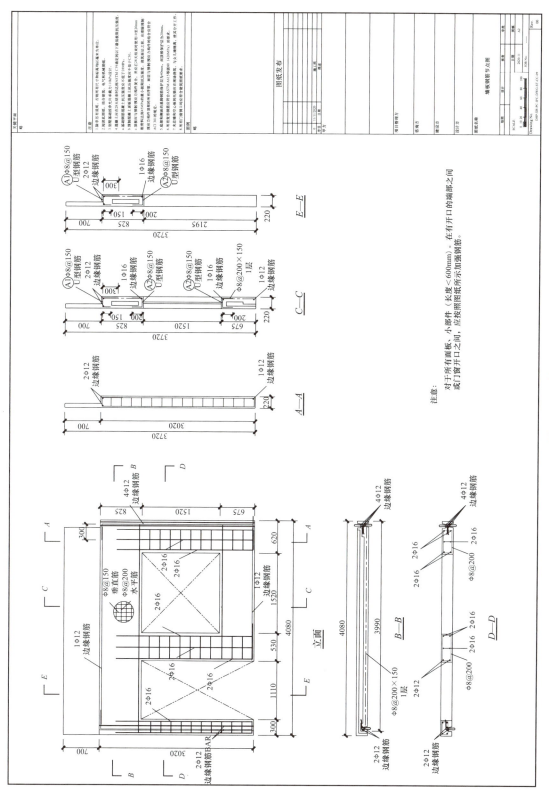

图 5.51 （续）

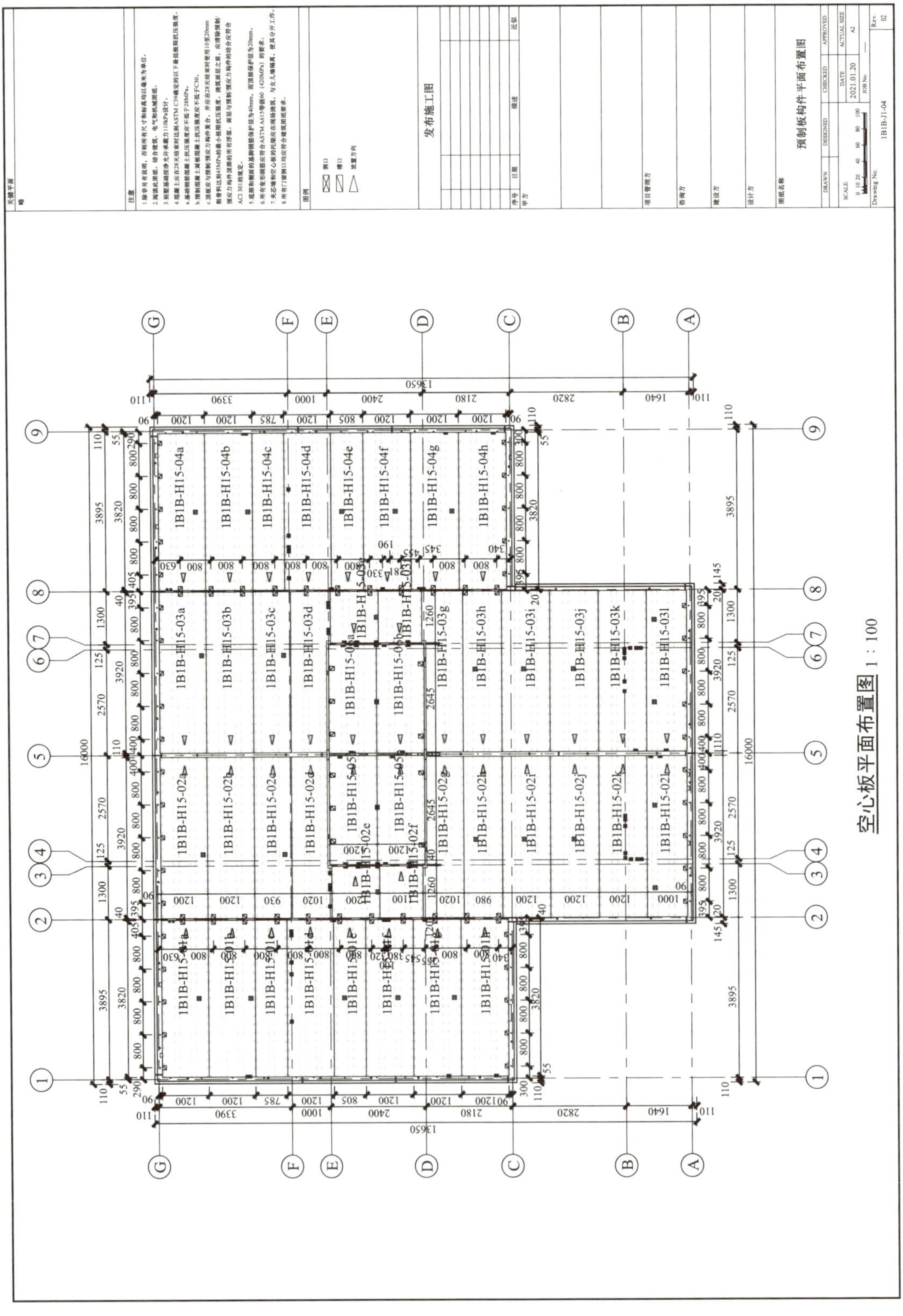

空心板平面布置图 1 : 100

图 5.51　（续）

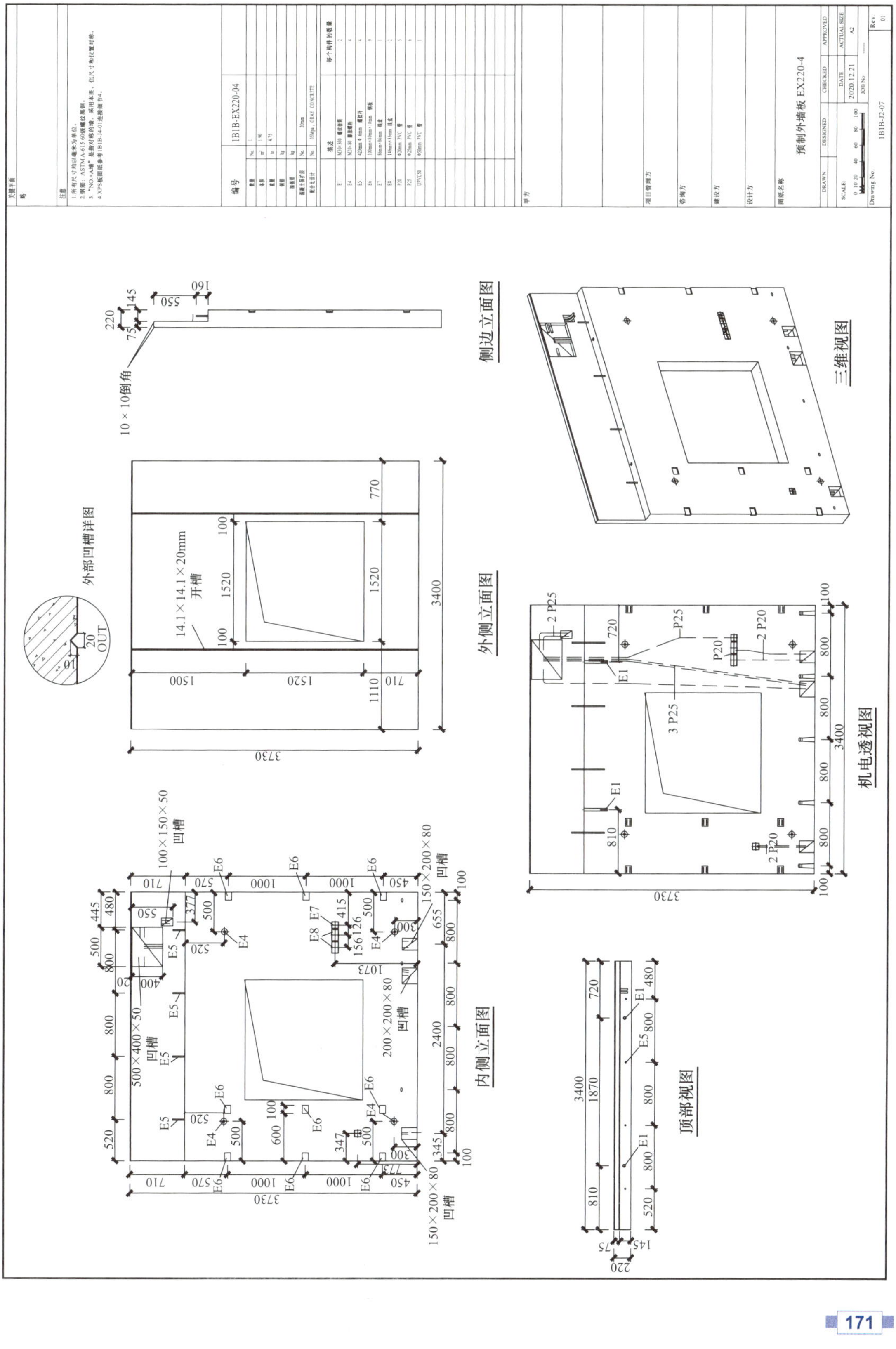

外部凹槽详图
14.1×14.1×20mm 开槽
侧边立面图
10×10倒角
外侧立面图
三维视图
机电透视图
内侧立面图
顶部视图
500×400×50 凹槽
100×150×50 凹槽
200×200×80 凹槽
150×200×80 凹槽
预制外墙板 EX220-4
1B1B-EX220-J4
1B1B-J2-07

图 5.51 （续）

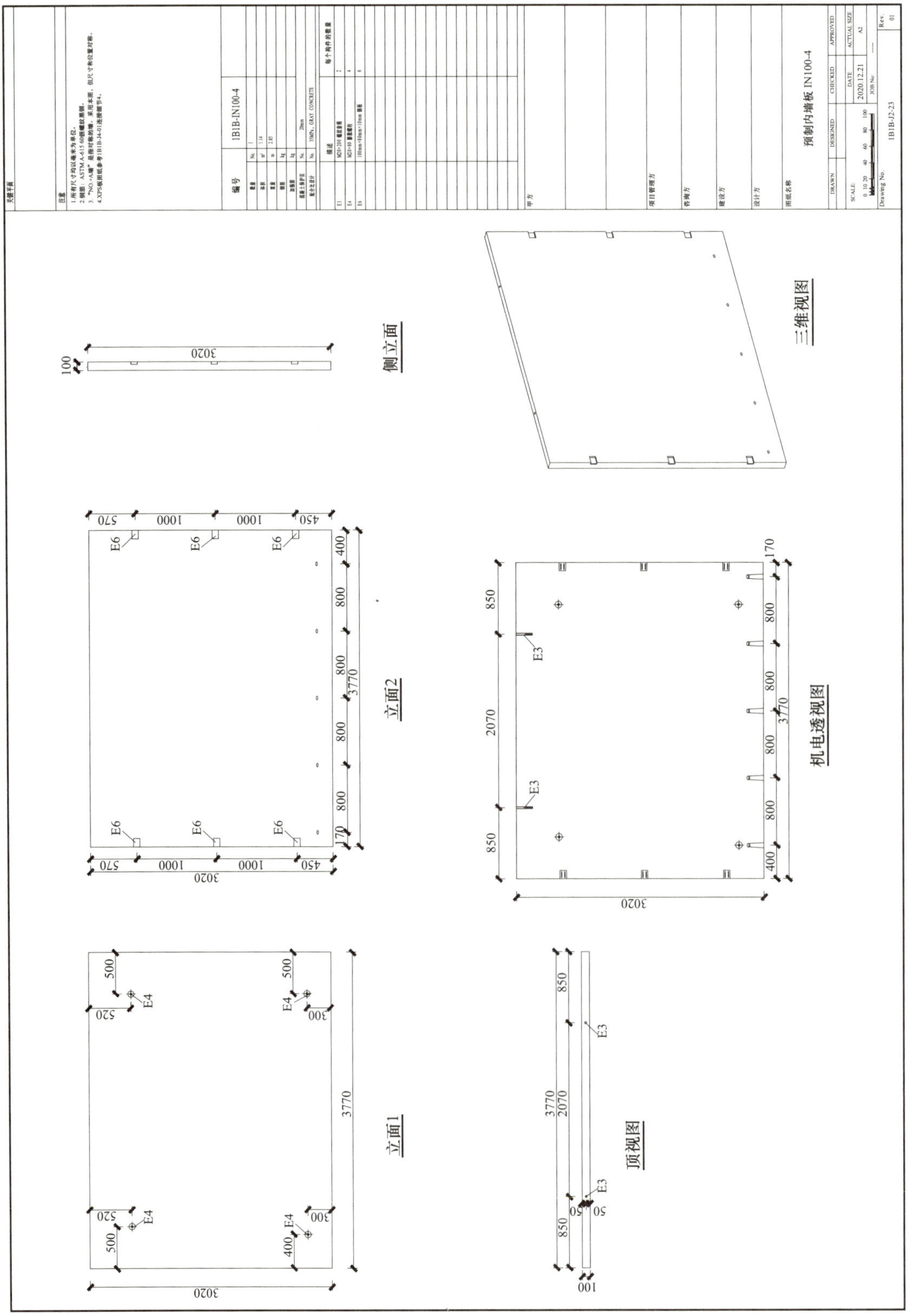
预制内墙板 IN100-4
1B1B-IN100-4
1B1B-J2-23
2020.12.21
侧立面
三维视图
立面2
机电透视图
立面1
顶视图

图 5.51 （续）

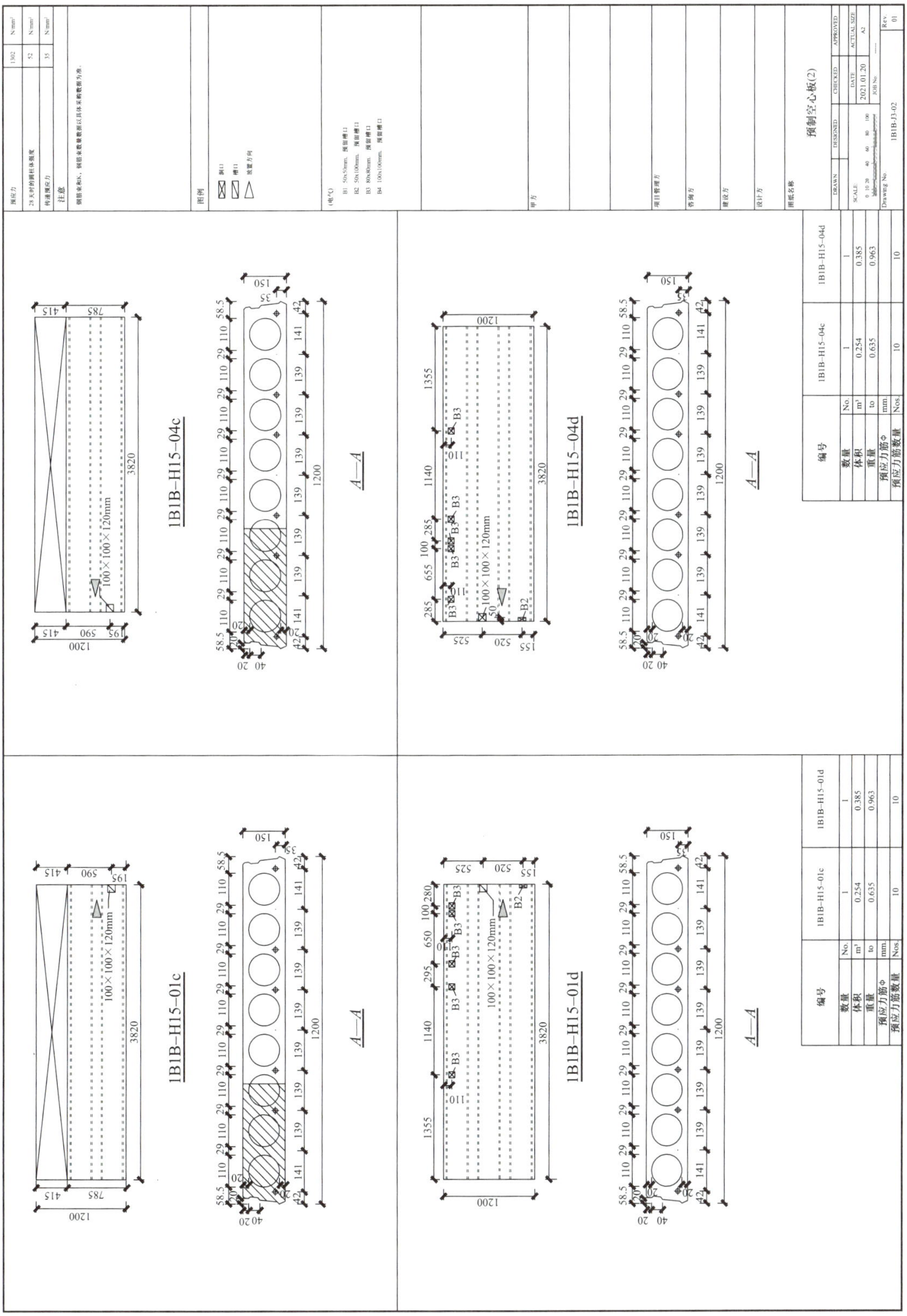
1B1B-H15-04c
1B1B-H15-04d
1B1B-H15-01c
1B1B-H15-01d
A—A
100×100×120mm
3820
1200
预制空心板(2)
2021.01.20
1B1B-J3-02

图 5.51　(续)

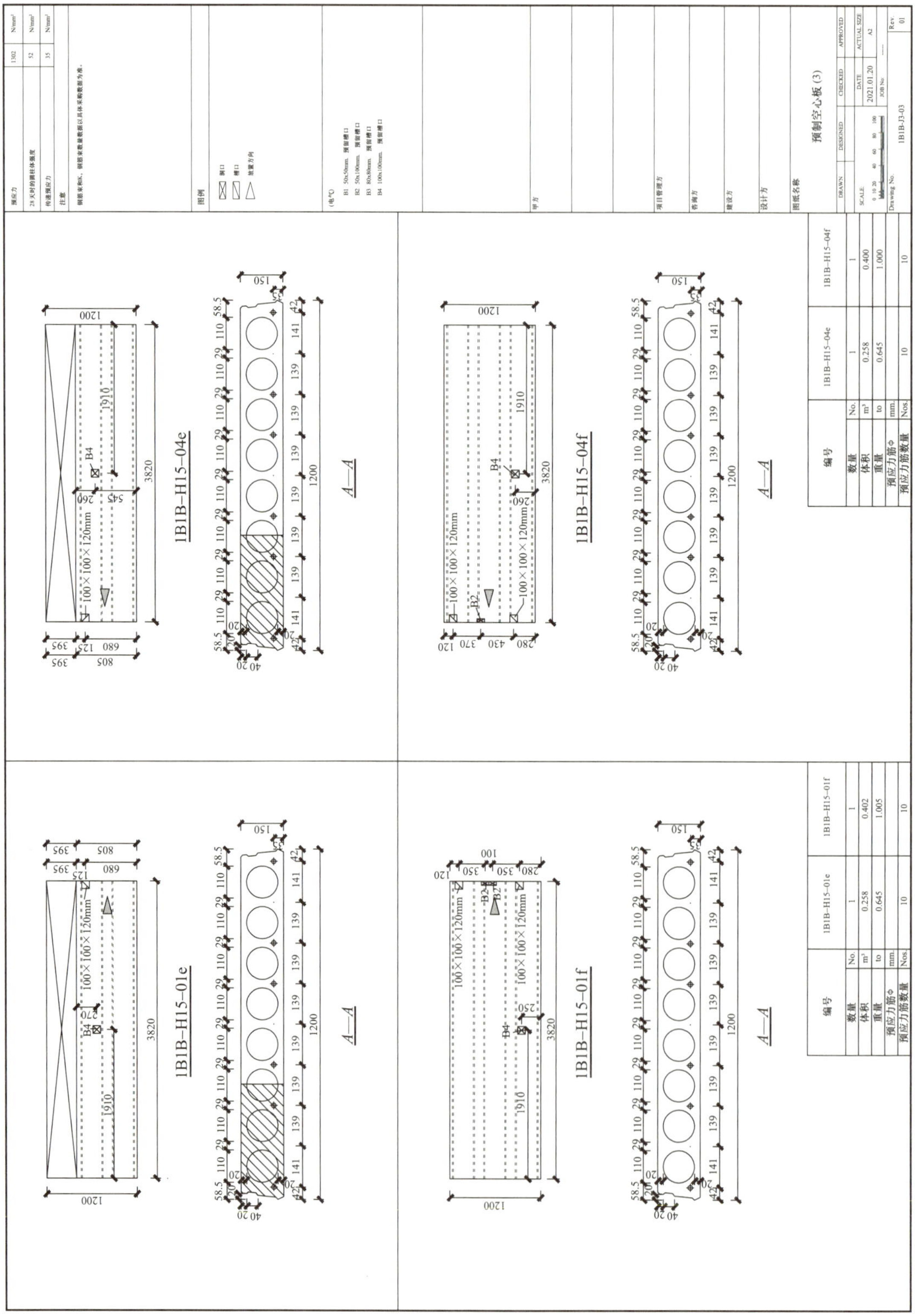
1B1B-H15-04e
1B1B-H15-04f
1B1B-H15-01e
1B1B-H15-01f
A—A
100×100×120mm
1200
3820
1910
图例
预制空心板 (3)
2021.01.20
1B1B-J3-03
编号
数量
体积
重量
预应力筋Φ
预应力筋数量

图 5.51 （续）

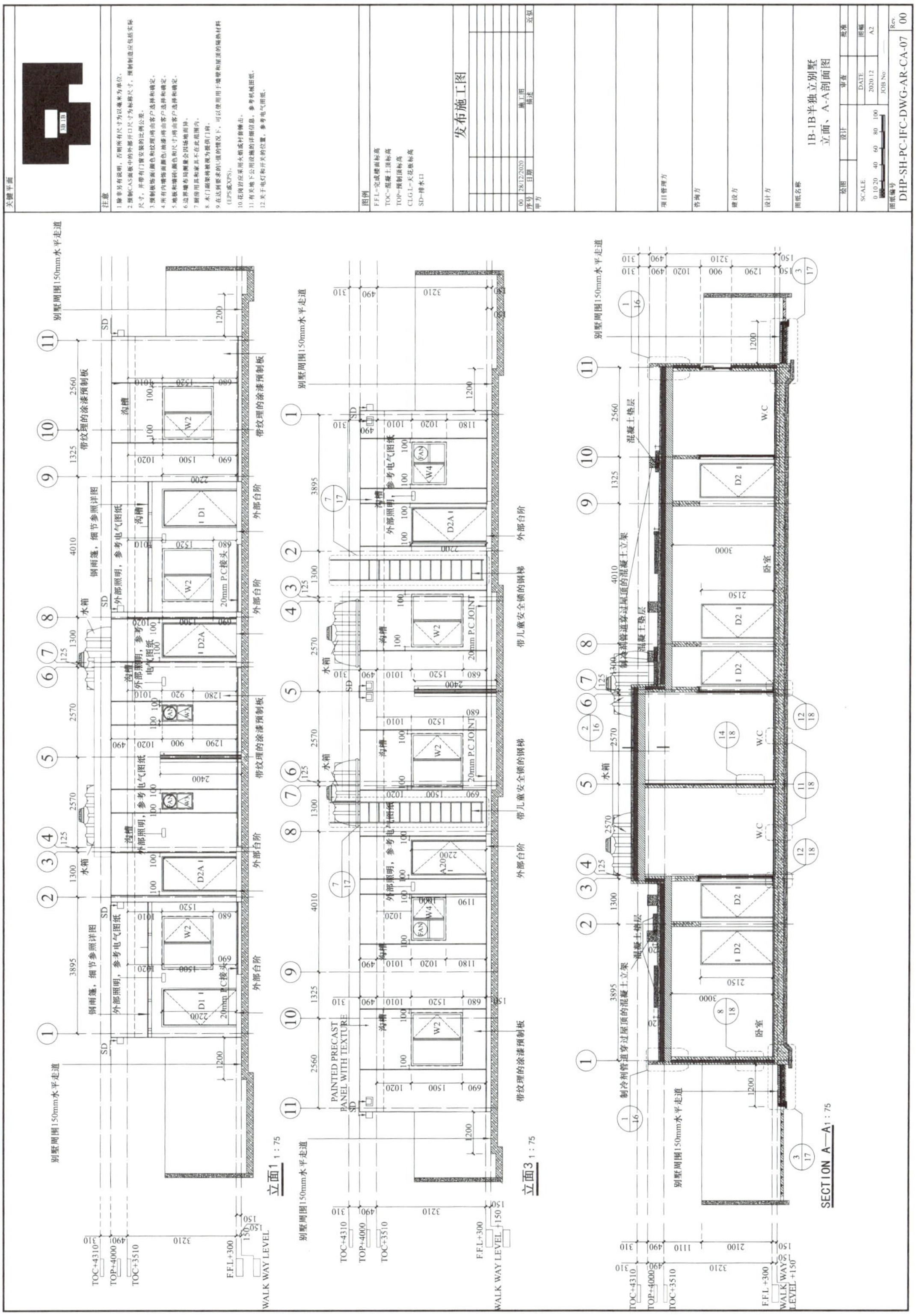

发布施工图
1B-1B半独立别墅
立面、A-A剖面图
DHP-SH-PC-IFC-DWG-AR-CA-07
立面1 1:75
立面3 1:75
SECTION A—A1:75

图 5.51 （续）

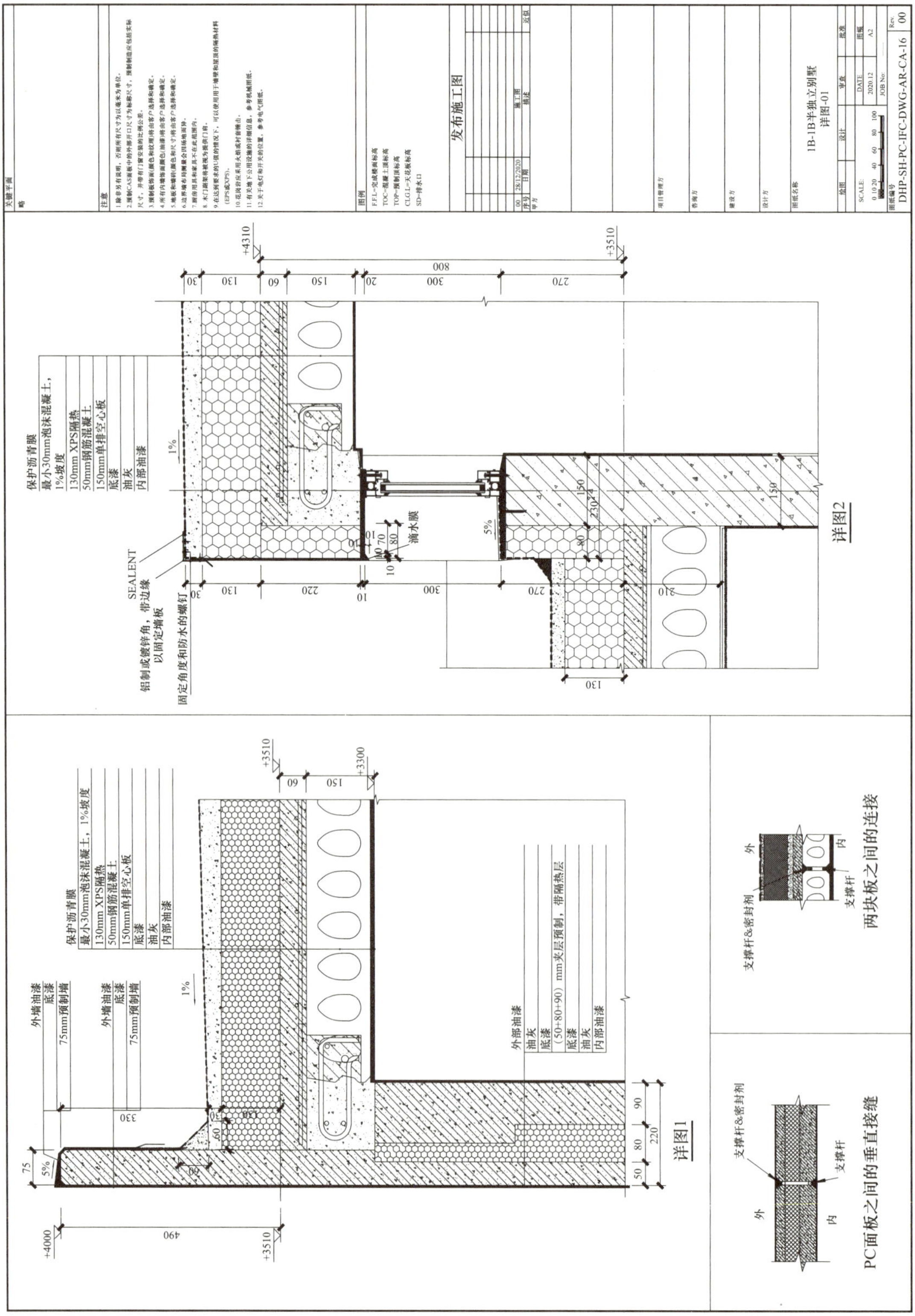

图 5.51 （续）

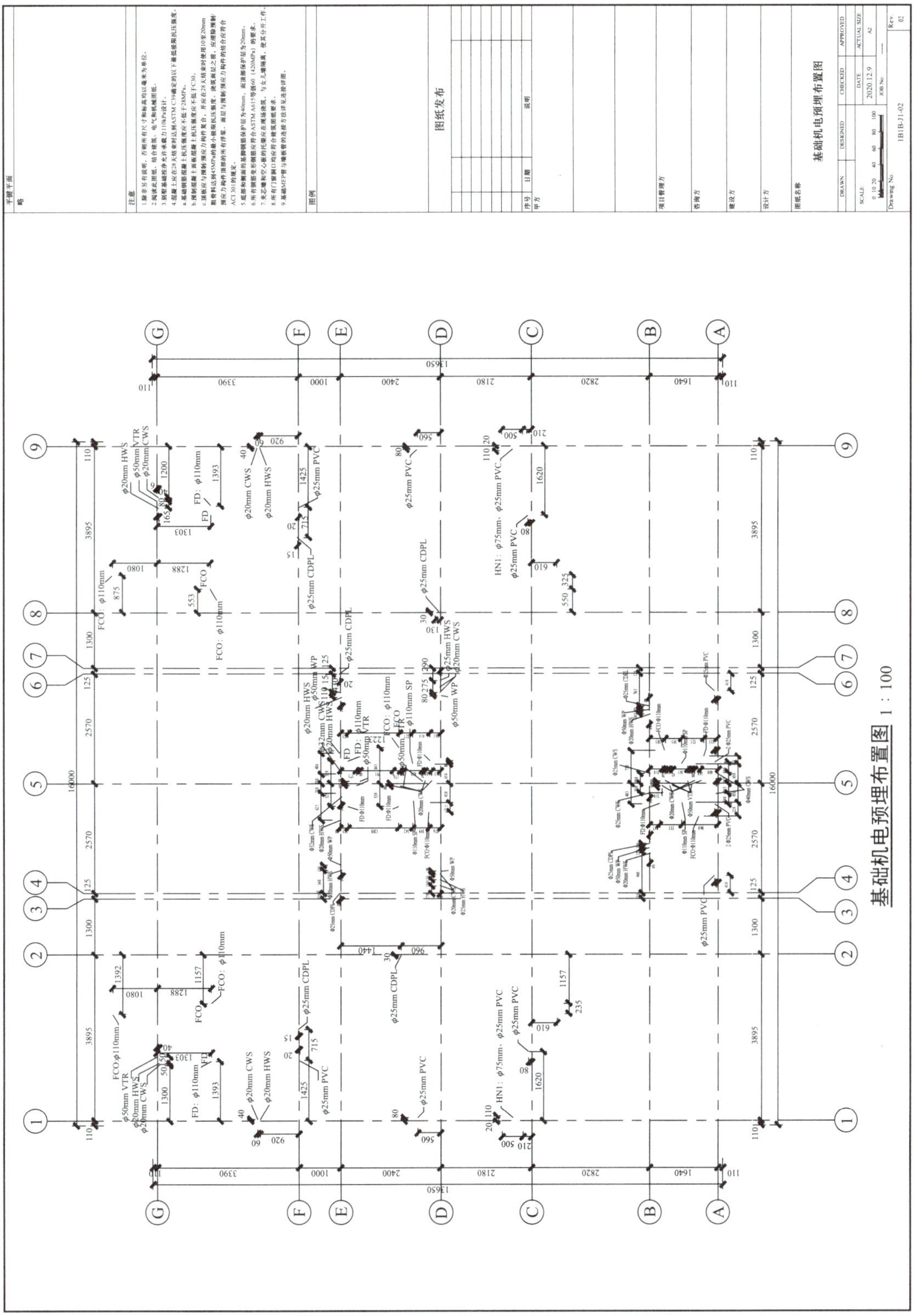
基础机电预埋布置图 1：100
图纸发布
基础机电预埋布置图
1B1B-J1-02

图 5.51 （续）

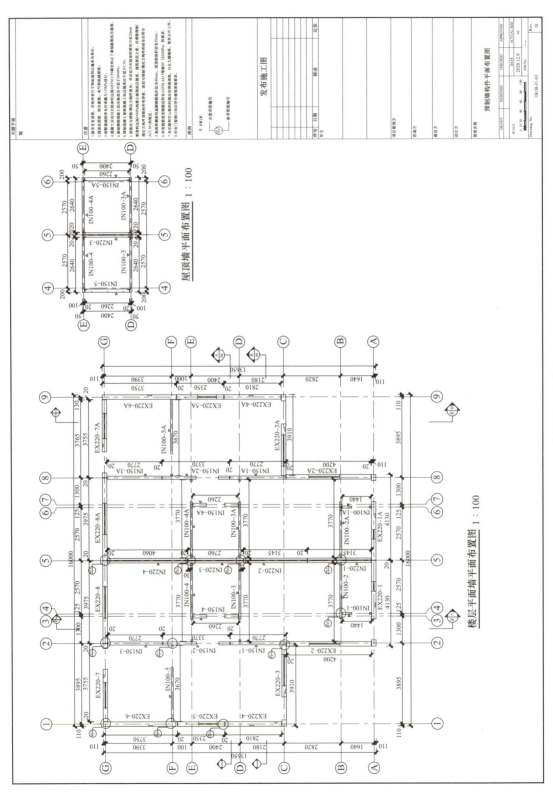

图 5.51 （续）

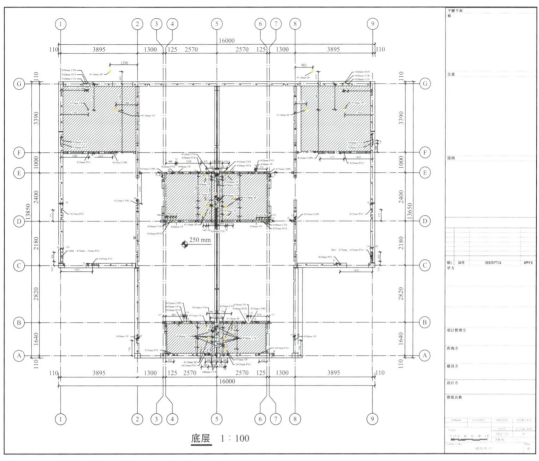

（a）BIM MEP 管道预埋图

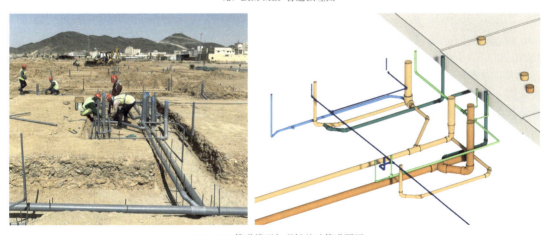

（b）BIM 管道模型与现场基础管道预埋

图 5.52　基础管道预埋图

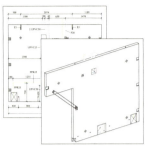  

（a）BIM墙板三维图　　（b）钢筋、管道绑扎　　（c）预制墙板浇筑

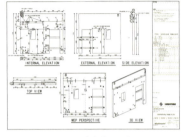  

（d）墙板加工图　　（e）墙板板面整平　　（f）墙板养护

图 5.53　现场墙板预制加工

（a）墙板运输　　　　　　　　　（b）墙板堆放

（c）墙板吊装　　　　　　　　　（d）墙板连接

图 5.54　预制构件吊装施工安装

5.1.8 深化建模与出图工具开发及应用

该项目由于保障房户型较多，预制构件深化方案经过论证后基本不变，手动深化建模与出图效率低下，无法满足项目进度需求。为了确保项目进度，针对该项目深化与出图规则自主研发了深化建模与出图 BIM 智能插件。该智能插件通过输入必要参数，可自动完成深化建模与出图。具体功能包括预制构件钢筋创建、吊装埋件、支撑埋件、预埋钢板、灌浆套筒、预埋线管和预留洞口的自动布置，以及自动布置标注尺寸，生成图纸等。

1）BIM 智能插件吊装点自动布置。墙板吊装点按重心布置在墙顶，吊装点间距为墙长的 55%，确保吊装过程中钢绳均匀受力。人工布置则需手动计算每块楼板重心，效率较低，且拆分方案变动需重新计算。BIM 智能插件可自动计算墙体重心位置，并通过设置墙长的比例间距进行吊装点的布置，如图 5.55 所示。

2）BIM 智能插件深化工具。灌浆套筒、预埋钢板、支撑杆、墙顶插筋、线管开槽等位置根据深化方案自动布置，极大提高土建专业与机电专业深化设计建模的工作效率，图 5.56 为管线深化方案自动布置。

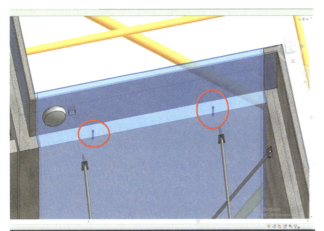
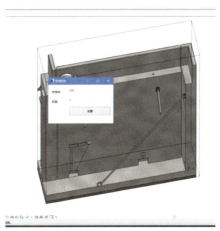

图 5.55 吊装点布置　　　　　　图 5.56 管线深化方案自动布置

3）自动出图工具。确定图纸模板后，通过内嵌图纸图框族，实现预制墙板与 SP 板的图纸一键生成，并自动对尺寸进行标记，统计图纸中的明细表，由此可提升装配式正向设计出图的效率。

BIM 智能插件工具实现了一键深化与出图，极大提升整个深化设计工作效率，在本项目中发挥了重要作用。预制构件深化方案经过论证确定后，7 种户型原定 45 天的深化出图任务，采用 BIM 智能插件工具后，20 天便已完成，效率提高超过一倍。

5.1.9 项目总结

BIM 技术的应用助推了新型全装配式结构体系的发展，若采用传统二维图纸，设计与施工各专业人员沟通困难，需要大量的实践总结，方案论证效率低，成本高。采用

BIM 技术，通过 BIM 建模模拟方案实施，使用三维可视化模型直观反映问题，从而进一步优化方案。基于 BIM 技术进行 PC 建筑深化设计与出图，相较于传统二维模式，具有专业集成、高效的特点。该项目的 BIM 应用内容包括整体建模、构件预制加工、深化建模、出图到施工指导，为后续 PC 项目提供借鉴和参考。

5.2 基于 BIM 的装配式混凝土建筑正向设计应用

5.2.1 项目概况

该项目依托于某安置房 4# 楼项目，结构体系为装配式框架剪力墙结构，预制构件包括叠合板、预制墙板、预制楼梯，装配率达 50%，连接方式采用钢筋套筒灌浆连接。项目地上 17 层，3 ～ 16 层采用预制墙体，4 ～ 17 层采用预制叠合板，1 ～ 17 层楼梯全部预制。

（1）项目重难点分析

1）各专业人员协同工作要求高。装配式建筑的核心是"集成"，包括建筑、结构、机电、装修等各专业信息集成，以及设计、生产、运输、吊装、部品安装等信息的集成，因此对于各专业人员协同工作要求较高。

2）装配式 +BIM 正向设计出图技术难度大。该项目预制构件深化加工图全部基于 BIM 模型直接出图，因此对 BIM 模型要求精准，且对出图图面内容、标注、线性、比例等具有非常高的要求，尤其在钢筋部分，建模与下料统计技术难度较大。

（2）BIM 实施目标

1）基于 BIM 模型集成各专业信息，并充分考虑构件生产和安装深化信息，确保信息准确完整。

2）实现 BIM 装配式深化正向设计与出图，基于 BIM 模型开展深化设计，并直接生成二维图纸。

3）通过 BIM 模型模拟现场预制构件吊装施工，优化现场湿作业与吊装作业施工工序，并指导现场人员施工，避免出现工序错乱的问题。

4）实现 BIM 正向设计标准化，并形成自动化工具，为后续大体量装配式混凝土建筑深化设计提供基础。

5.2.2 BIM 实施路线与标准化族库

1. BIM 实施路线

该项目自 3 层以上为标准层，而 4 层、8 层、12 层、16 层为悬挑层，因此选择对 7 层、8 层（标准差与悬挑层）进行深化，BIM 深化实施技术路线如图 5.57 所示。

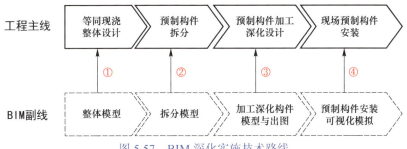

图 5.57　BIM 深化实施技术路线

2.标准化族库

根据设计图纸与深化方案，完善 BIM 标准化构件库，主要包括预制构件族库、预埋件族库、图框族等，如图 5.58 ～图 5.60 所示。

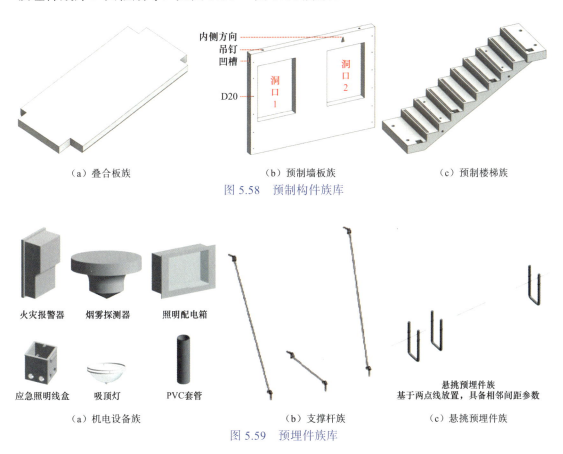

（a）叠合板族　　　　　（b）预制墙板族　　　　　（c）预制楼梯族

图 5.58　预制构件族库

（a）机电设备族　　　　　（b）支撑杆族　　　　　（c）悬挑预埋件族

图 5.59　预埋件族库

使用模型	
构件数量	

140　定位基准　140　M20丝扣
φ20圆钢

MJ2定位　MJ2大样

烟感探测器用线盒（金属材质，未注明各方向各留一个φ25杯梳，方向注明的除外）

消防广播用线盒（金属材质，未注明各方向各留一个φ15杯梳，方向注明的除外）

应急照明用线盒（金属材质，未注明各方向各留一个φ20杯梳，方向注明的除外）

普通照明用线盒（金属材质，未注明各方向各留一个φ20杯梳，方向注明的除外）

PVC管

定位基准　桁架筋大样图

MJ1定位

140　M18丝扣
φ18圆钢

MJ1大样

1. 表示拉毛粗糙面，凹凸深度不应小于4mm；
2. "▲" 表示吊点位置，吊点数量有4点和6点，6点时应使用专用吊具并按图示吊点挂钩（同时钩住钢筋焊接的上弦钢筋和腹筋）起吊，并保证每个吊点受力均匀；
3. "↑" 表示构件安装方向，构件表面用油漆标记；
4. 钢筋保护层厚度15mm，混凝土强度C30；
5. 同条件养护的混凝土试块抗压强度达到22.5MPa，方能脱模、吊装、运输及堆放；
6. 未尽事宜，应按国家现行有关标准和技术法规文件执行。

×××设计研究院				建设单位			
建设部工程设计证书号：A136000352				工程名称			
院长	yz	项目负责人		图纸名称	类型名称	工程号	
总工程(结构)师		审核				图别	
所长(分院院长)		校对				图号	
主任工程(结构)师		专业负责人				比例	
注册师		设计				日期	

符号说明　粗糙面　装配方向　模板面　锚槽面　粗糙面

注：1. 除特殊说明外，标注尺寸以毫米为单位。
2. 构件编号标写在安装方位，装配方向用三角方符号副红色涂画在构件上标识。装配方向三角符号同KEYPLAN上三角符号方向。
3. 除特殊说明外，套筒灌浆孔与出浆孔均朝非模台面。

×××设计研究院				建设单位			
建设部工程设计证书号：A136000352				工程名称			
院长		项目负责人		图纸名称	CHK 图纸名称	工程号	
总工程(结构)师		审核				图别	
所长(分院院长)		校对				图号	
主任工程(结构)师		专业负责人				比例	
注册师		设计				日期	

图 5.60　图框族

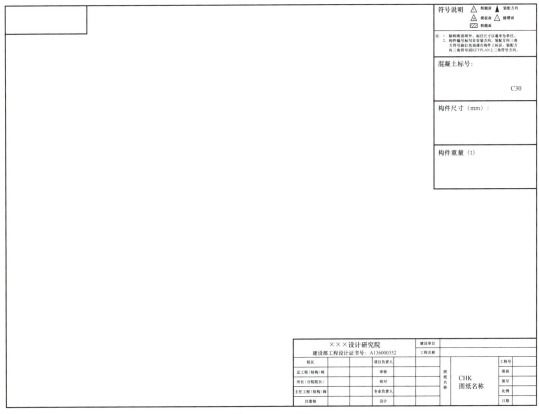

符号说明	△ 粗糙面	▲ 装配方向
	△ 模板面	▨ 键槽面
	▨ 粗糙面	

注：1．除特殊说明外，标注尺寸以毫米为单位。
　　2．构件编号标写在安装方向，装配方向三角
　　　　方符号刷红色油漆在构件上标识，装配方
　　　　向三角符号见KEYPLAN上三角符号方向。

| 混凝土标号： | |
| | C30 |

| 构件尺寸（mm）： | |

| 构件重量（t） | |

×××设计研究院		建设单位				
建设部工程设计证书号：A136000352		工程名称				
院长		项目负责人				工程号
总工程（结构）师		审核		图纸名称	CHK	图别
所长（分院院长）		校对			图纸名称	图号
主任工程（结构）师		专业负责人				比例
注册师		设计				日期

图 5.60　（续）

　　此外，构件族设置了必要的参数信息和嵌套，可大幅提高构件族的适应性，从而提高建模效率。图 5.61 所示为叠合板参数化族，内置四个角的矩形裁剪的参数，可适用于不同区域板的设计。图 5.62 所示为预制墙板族，内置了两个洞口参数，可适用于内嵌门窗位置的预制墙板。

图 5.61　叠合板参数化族

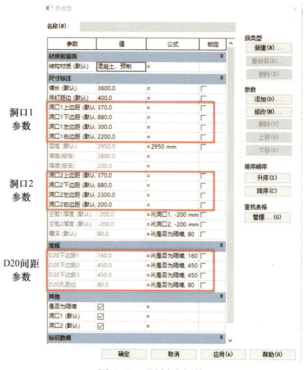

图 5.62 预制墙板族

5.2.3 整体 BIM 建模

基于设计图纸创建土建、机电 BIM 模型，如图 5.63～图 5.67 所示。其中，土建 BIM 模型包括插座、开关等点位模型，机电 BIM 模型包含各专业管道模型。由于该项目每隔四层设置悬挑层，悬挑工字钢与预制墙板存在碰撞关系，需提前在叠合板中预埋 U 型件，并搭建悬挑工字钢模型，以便后续深化。

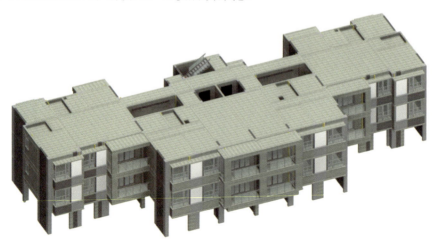

图 5.63 7 层、8 层土建 BIM 模型

图 5.64　整栋土建 BIM 模型

图 5.65　灯具、开关、暖通等机电点位 BIM 模型

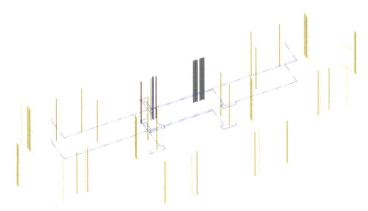

图 5.66　7 层、8 层机电管道 BIM 模型

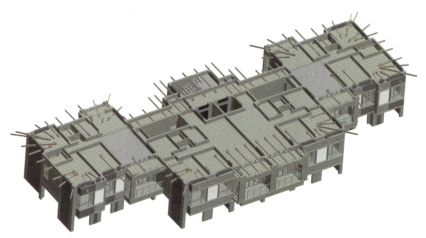

图 5.67　悬挑外架模型

5.2.4　BIM 深化设计

1. BIM 拆分设计

　　根据 PC 构件尺寸及受力与台模要求，确定拆分方案。预制构件拆分须遵循标准化、模数化原则，尽量减少构件类型，提高构件标准化程度。同类构件（特别是外墙面）尽量保持尺寸相近，构件锚筋布置尺寸尽量保持一致，方便模板重复利用。图 5.68 所示为 BIM 楼板拆分图，图 5.69 所示为 BIM 墙板拆分图。

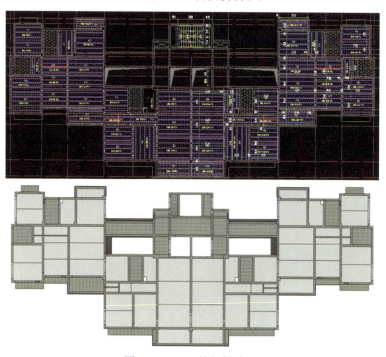

图 5.68　BIM 楼板拆分图

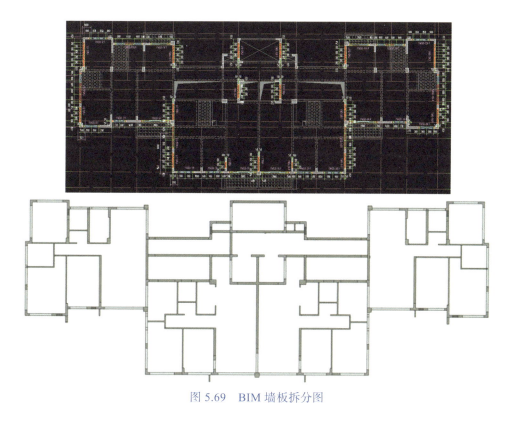

图 5.69　BIM 墙板拆分图

2．预制混凝土构件深化设计

预制混凝土构件深化过程需要将设计、生产、施工等信息进行有效集成，然后利用
BIM 技术，协同各专业完成深化设计，提高设计精度。

1）预制叠合板深化设计（图 5.70）。预制叠合板深化过程分为如下三个步骤。

① 尺寸与形状设置：叠合板族内嵌构件尺寸和形状等参数，根据拆分构件形状和
连接节点设置叠合板形状及连接节点倒角。

② 添加符号与预埋件：添加吊装点与装配方向符号，根据土建与机电图纸，添加
土建与机电预埋件，包括悬挑 U 型埋件、线盒、预留洞口等。

③ 钢筋创建：根据图纸创建叠合板钢筋，包括桁架钢筋与钢筋网。钢筋建模工作
量较大，需采用自主研发工具自动化创建，将在后续内容进行详细介绍。

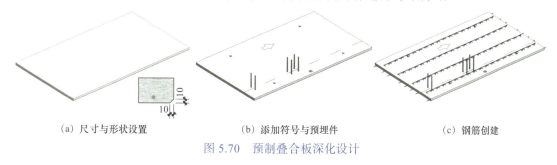

（a）尺寸与形状设置　　　　　　（b）添加符号与预埋件　　　　　　（c）钢筋创建

图 5.70　预制叠合板深化设计

2）预制墙板深化设计（图 5.71）。预制墙板深化过程分为如下三个步骤。

① 尺寸与形状设置：根据预制墙板族参数设置墙板形状与尺寸参数，包括墙长、墙高、洞口大小位置、墙板类型等。

② 结构、机电预埋件放置：添加支撑杆、灌浆套筒及预留洞口、槽口以及机电线盒、线管等预留预埋。

③ 钢筋创建：根据图纸创建叠合板钢筋模型，包括水平主筋、竖向主筋、拉结筋、洞口加强筋等。墙板钢筋较为复杂，建模难度较大，需采用自主研发工具自动化创建。

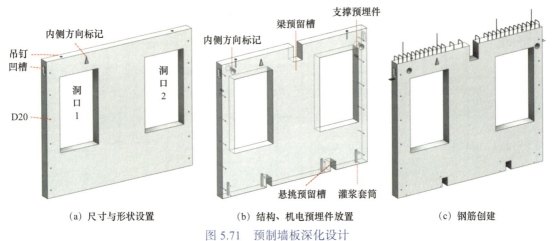

(a) 尺寸与形状设置　　(b) 结构、机电预埋件放置　　(c) 钢筋创建

图 5.71　预制墙板深化设计

3．BIM 预制构件深化与出图

在 BIM 族设计和搭建过程中，通过粗略度与可见性等设置，实现各个构件族三维模型实体和二维出图两种展现形式，以用于项目沟通和出图需求，如图 5.72 所示。

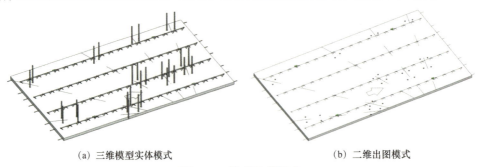

(a) 三维模型实体模式　　　　　　(b) 二维出图模式

图 5.72　模型展现形式

在出图模式下，BIM 模型可直接通过设置视图添加尺寸标注与文字标注进行出图。基于 BIM 模型，可输出全套叠合板与墙板出图，其中叠合板深化加工图如图 5.73 所示，包括钢筋下料明细等；预制墙板深化加工图如图 5.74 所示，分为构造图与钢筋图，钢筋图包括钢筋下料长度和明细。装配式混凝土建筑出图工作量较大，尤其是钢筋下料是一个难点，本项目通过自主研发工具进行自动化生成钢筋下料，大幅提高了工作效率。

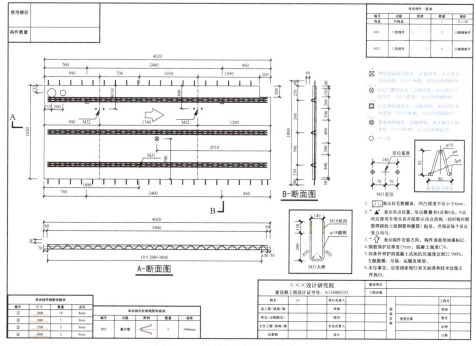

图 5.73　预制叠合板深化加工图

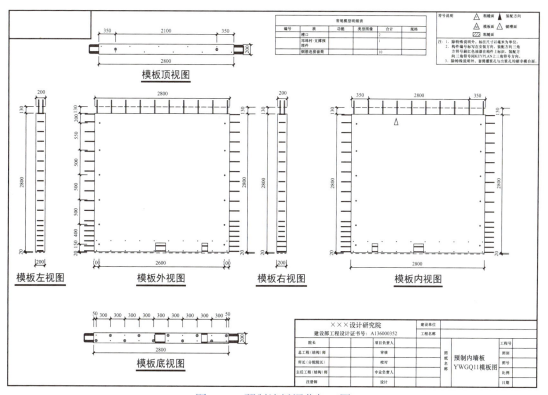

图 5.74　预制墙板深化加工图

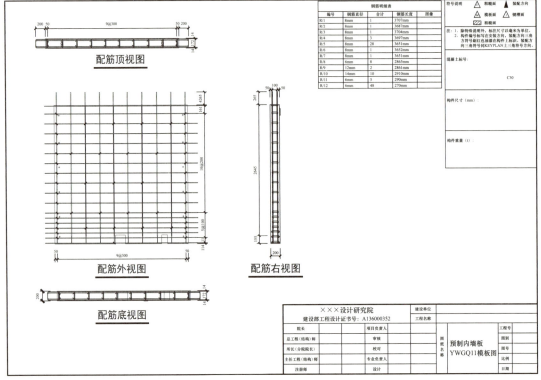

图 5.74 （续）

5.2.5　PC 吊装施工模拟

依据吊装工艺，通过 BIM 技术制作吊装模拟视频，模拟预制构件吊装施工顺序，可优化现场交叉作业工序，指导现场吊装施工。

1．施工方案论证

收集现场专项施工方案，包括构件吊装方案、套筒灌浆施工方案等，并根据实际情况与现场工程师进行沟通，整理成视频制作文稿。

2．编制视频脚本

基于上述资料和现场观摩工艺，制作视频脚本，主要内容包括工程概况、墙板吊装、标准层施工、灌浆施工、其他层施工等。为确保视频内容与工艺满足项目需求，编制好视频制作脚本后与项目方沟通，作进一步确认。

3．制作视频

根据确定好的视频脚本进行视频制作，将 BIM 模型做成动画形式，形象的展现方案，最后对参考视频进行方案论证和优化。图 5.75 所示为吊装 BIM 模拟动画。

图 5.75　吊装 BIM 模拟动画

4. 现场可视化施工交底

根据视频，进行现场可视化施工交底，指导现场人员施工，如图 5.76 所示。

| （a）清扫表面 | （b）座浆 | （c）放置垫片 | （d）吊装墙板 |
| （e）分仓座浆 | （f）安装支撑杆 | （g）卸下吊扣 | （h）垂直度测量与调节 |

图 5.76　吊装现场施工

5.2.6 智能预制混凝土构件深化工具应用

1．钢筋参数化建模

预制混凝土构件包含丰富的钢筋信息，由于钢筋排布密集，手动建模效率较低。BIM 团队通过对 PC 叠合板与预制墙板钢筋布置规则的解析，自主研发了一键生成 PC 钢筋的 BIM 智能插件，大幅提高了建模效率与准确性，解决钢筋建模困难的问题。

1）叠合板钢筋。通过设置钢筋网与桁架钢筋参数信息（钢筋网间距，桁架钢筋参数），自动生成叠合板钢筋，如图 5.77 所示。

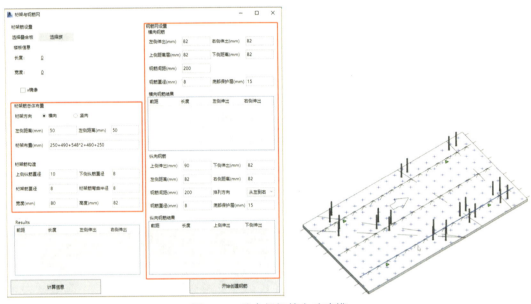

图 5.77　叠合板钢筋自动建模

2）预制墙板钢筋。预制墙板钢筋可分为水平主筋、竖向主筋、拉结筋、带洞口钢筋等，通过设置钢筋参数信息，可自动生成预制墙板的钢筋，如图 5.78 所示。

2．自动化出图

BIM 出图过程中需进行大量的图面排版、尺寸标注以及工程量图表制作等工作，手动操作易错且效率低下。为提高效率，BIM 团队自主研发了自动化出图工具插件，该插件内置了叠合板、墙板的标准化图面规范，可自动按要求进行尺寸标注、构件标识、视图排版等工作，并能自动获取对应的构件名称、预埋件类型和数量，如图 5.73 和图 5.74 所示。

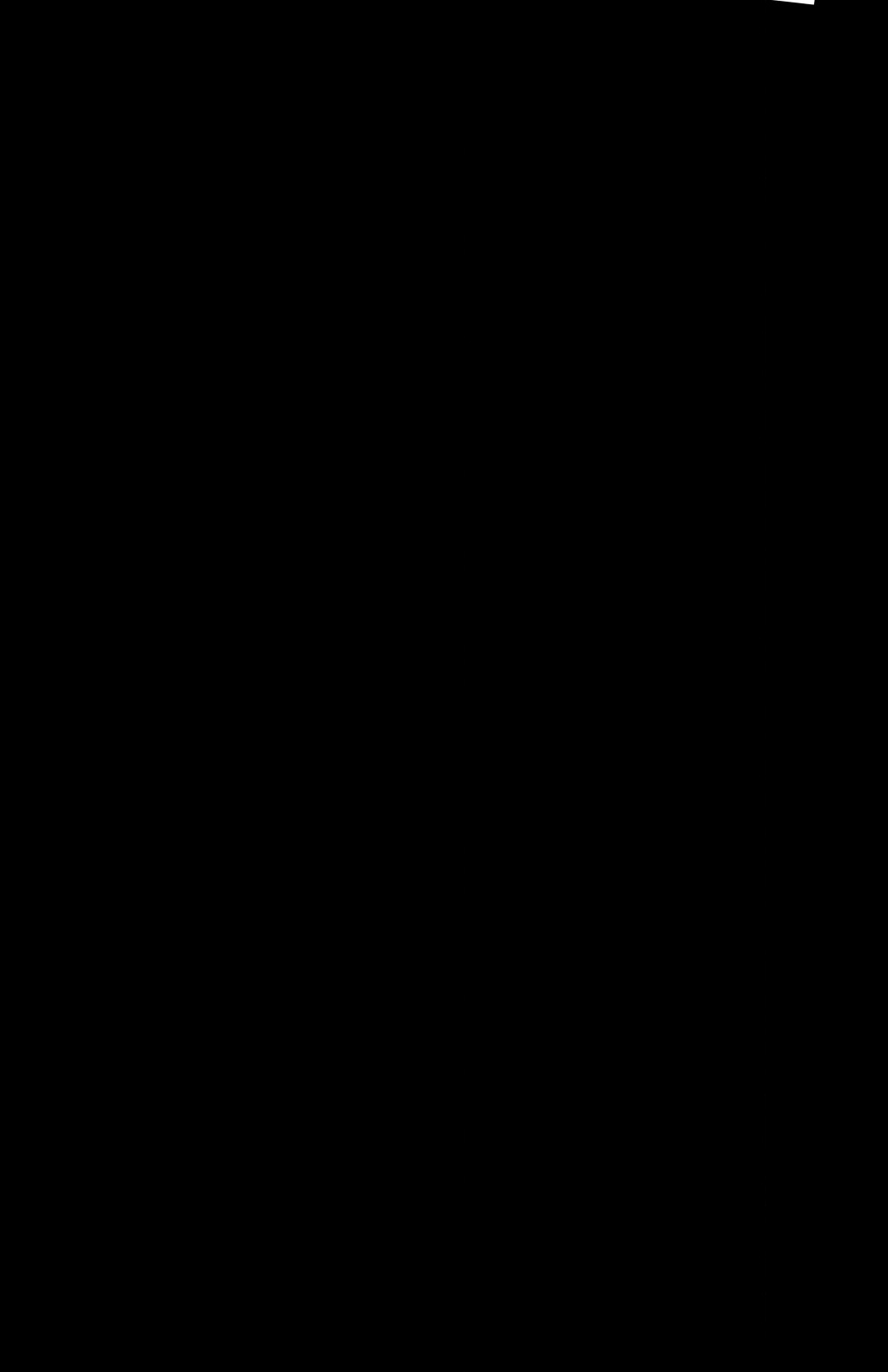